Überzeugende Bewerbungsunterlagen

W0033620

Bewerbung Last Minute

Christian Püttjer und **Uwe Schnierda** kennen die Wünsche und Hoffnungen, aber auch Sorgen und Nöte von Bewerberinnen und Bewerbern seit rund 20 Jahren. Ihre umfassenden Erfahrungen aus der Optimierung von Bewerbungsunterlagen, aus Einzelcoachings und aus Seminaren bringen sie in ihre praxisnahen Ratgeber ein, die exklusiv im Campus Verlag erscheinen. Die konkreten Tipps, die klare Sprache und die motivierende Unterstützung von Püttjer & Schnierda haben schon über einer Million Leserinnen und Lesern weitergeholfen.

PÜTTJER & SCHNIERDA

Überzeugende Bewerbungsunterlagen

Campus Verlag
Frankfurt / New York

Bibliografische Information der Deutschen Nationalbibliothek:
Die Deutsche Nationalbibliothek verzeichnet diese Publikation in der
Deutschen Nationalbibliografie. Detaillierte bibliografische Daten
sind im Internet unter http://dnb.d-nb.de abrufbar.
ISBN 978-3-593-39144-1

2., aktualisierte Auflage 2010

Umschlagfoto: Becker Lacour, Frankfurt/Main
Gestaltung: hauser lacour, Frankfurt/Main
Satz: Publikations Atelier, Dreieich
Druck und Bindung: Druck Partner Rübelmann, Hemsbach
Gedruckt auf Papier aus zertifizierten Rohstoffen (FSC/PEFC).
Printed in Germany

Besuchen Sie uns im Internet: www.campus.de

Inhalt

Einleitung

Aussagekräftige Bewerbungsunterlagen – entweder klassisch in Papierform per Post oder modern als E-Mail-Bewerbung elektronisch verschickt – sind der Türöffner für Vorstellungsgespräche. Denn die Personalverantwortlichen in den Firmen werden Sie erst dann einladen, wenn Ihr Anschreiben und Ihr Lebenslauf auch wirklich überzeugen können.

Leider ist vielen Bewerberinnen und Bewerbern nicht bekannt, dass der schriftlichen Bewerbung der Charakter einer ersten Arbeitsprobe zukommt. Noch immer hoffen viel zu viele, dass sie im Vorstellungsgespräch schon die Chance bekommen werden, sich in Szene zu setzen und richtig aufzutrumpfen. Dies ist jedoch ein Fehlschluss: Denn ohne gute Unterlagen wird der Sprung ins Vorstellungsgespräch nicht gelingen! Es gibt zu viele Stellensuchende, die um den gleichen Arbeitsplatz konkurrieren. Warum sollten Unternehmen gerade diejenigen einladen, deren Unterlagen oberflächlich und lieblos gestaltet sind?

Wir erleben in unserer Beratungspraxis täglich, wie viele Informationslücken aufseiten der Bewerber vorhanden sind. Die Unsicherheit darüber, wie gute Bewerbungsunterlagen denn nun auszusehen haben, ist groß. Wer gute Arbeit leistet, ist nicht automatisch gut darin, sich auch im Bewerbungsverfahren optimal zu präsentieren. Hinzu kommt, dass die Ansprüche an die Kandidaten gestiegen sind. Personalarbeit wird heute professioneller denn je betrieben. Mitarbeiter in der Personalabteilung werden geschult, aber wer schult die Bewerberinnen und Bewerber?

Passgenaue Bewerbungen sind heutzutage ein Muss. Personalverantwortliche nehmen nur die Bewerber ernst, die deutlich machen können, dass sie sich ausgiebig mit den Anforderungen der neuen Stelle auseinandergesetzt haben, und die zusätzlich Belege dafür geben können, inwiefern sie diesen Anforderungen gerecht werden. Und genau hier steckt der Teufel im Detail.

Es ist eben nicht damit getan, sich an den Schreibtisch zu setzen und möglichst schnell Anschreiben und Lebenslauf herunterzuschreiben. Denn genau dieser Punkt ist es, der Personalprofis am meisten stört: dass Bewerber Unterlagen verfassen, ohne fundierte Vorarbeit geleistet zu haben. Der Blick in die Praxis bestätigt dies. Die Mehrzahl der Bewerbungsunterlagen, die in den Firmen eintreffen, enthält oberflächliche Anschreiben und standardisierte Lebensläufe. Solche Unterlagen lassen vermuten, dass sich die Bewerber mit ein und derselben Mappe bei vielen Unternehmen bewerben.

Aber nur wenn Ihre Unterlagen zeigen, dass Sie sich mit der Branche, dem Unternehmen und seinen Produkten oder Dienstleistungen, den Anforderungen der neuen Stelle – und nicht zuletzt: mit Ihren eigenen fachlichen Kenntnissen und persönlichen Fähigkeiten – gründlich auseinandergesetzt haben, kommen Sie in die engere Auswahl. Denn nur dann sind für das Unternehmen Argumente für Ihre Einstellung zu erkennen.

In den letzten Jahren hat sich in der Personalauswahl ein Trendwechsel vollzogen, der vom Bewerber zusätzliches Engagement beim Erstellen der Unterlagen erfordert. Es ist nicht mehr der reine Fachspezialist gefragt, sondern die Persönlichkeit des Bewerbers muss eine reibungslose Mitarbeit in der

Firma erkennen lassen. Daher sind neben dem Fachwissen auch die persönlichen Fähigkeiten – die sogenannten Soft Skills – gefragt. Die Personalprofis versuchen, auch diese aus Ihren Unterlagen herauszulesen. Dabei achten sie auf Kriterien wie die Art der Formulierungen, die Sorgfalt bei der Erstellung der Mappe und die Passgenauigkeit der Bewerbung.

Wir werden Ihnen mithilfe zahlreicher Beispiele und Vorlagen plausibel machen, wie Sie diese Arbeit schultern und mit Ihrer Bewerbungsmappe überzeugen können. Sie erfahren im Einzelnen,

→ wie Sie Ihre Stärken erkennen,
→ wie Sie Ihr berufliches Profil aufbereiten,
→ wie Stellenanzeigen auszuwerten sind,
→ wann es sich lohnt, bei einer Firma anzurufen,
→ wie glaubwürdige Anschreiben formuliert werden,
→ welche Fakten ein Lebenslauf enthalten muss,
→ welchen Anforderungen Ihr Foto genügen muss,
→ wie Sie sich mit einer Leistungsbilanz einen Vorteil verschaffen können,
→ welche Zeugnisse in die Mappe gehören,
→ wann eine Bewerbungsmappe vollständig ist,
→ wie Sie Ihre Unterlagen in die Mappe einsortieren und
→ was Sie beim Nachhaken beachten müssen.

Lassen Sie sich durch unsere Tipps und Praxisbeispiele anregen, damit auch Sie mit Ihrer Bewerbungsmappe Erfolg haben.

Bewerben mit der Püttjer & Schnierda-Profil-Methode®

Gesichtslose Bewerber, die wie austauschbar erscheinen, machen es sich und den Unternehmen unnötig schwer, zueinander zu finden. Machen Sie es besser: Sie werden sich im Bewerbungsverfahren mehr Aufmerksamkeit verschaffen, wenn Sie Ihr Profil aussagekräftig und glaubwürdig vermitteln können. Die Profil-Methode®, die wir dazu in unserer rund 20-jährigen Beratungspraxis entwickelt haben, hat schon vielen Bewerbern zu mehr Erfolg verholfen (www.karriereakademie.de).

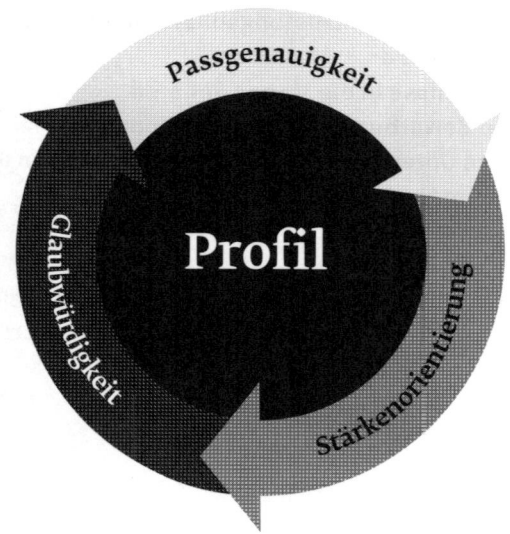

Drei Kernelemente kennzeichnen die Profil-Methode®: Punkten Sie mit einer passgenauen Bewerbung, vermitteln Sie Ihre Stärken und treten Sie glaubwürdig auf.

1. Passgenauigkeit: Je besser Sie in Ihrer Bewerbung auf die Anforderungen der Stelle eingehen, desto höher ist Ihre Erfolgsquote. Machen Sie sich den Blick der Personalverantwortlichen zu eigen. Die Ausgangslage Ihrer Argumentation sollten immer die Anforderungen des Unternehmens und der zu vergebenden Stelle bilden. So wird Ihre Bewerbung passgenau.

2. Stärkenorientierung: Niemand lässt sich durch Krisen- und Problemschilderungen überzeugen – auch Unternehmen nicht! Verzichten Sie deshalb auf Abwertungen und Relativierungen, und stellen Sie lieber Ihre Vorzüge in den Mittelpunkt Ihrer Bewerbung. So werden Ihre Stärken sichtbar.

3. Glaubwürdigkeit: Verbiegen Sie sich nicht im Bewerbungsverfahren, Ihre Persönlichkeit ist gefragt! Verstecken Sie sich nicht hinter Leerfloskeln und abstrakten Formulierungen, sondern liefern Sie stattdessen nachvollziehbare Beispiele, die Ihre Bewerbung mit Leben füllen. So gewinnen Sie Glaubwürdigkeit.

Alle im Campus Verlag erschienenen Bücher von Püttjer & Schnierda basieren auf der Profil-Methode®. Profitieren auch Sie von unserem Wissen. Nutzen Sie diesen Ratgeber dazu, sich Schritt für Schritt Ihr eigenes Profil klarzumachen und es anderen in Ihren schriftlichen Unterlagen zu vermitteln.

1. Lassen Sie sich nicht aussortieren

Im Bewerbungsverfahren sind Enttäuschungen keine Seltenheit – und zwar auf beiden Seiten. Bewerber können sich oftmals gar nicht vorstellen, wie frustrierend es für Personalverantwortliche ist, sich durch Bewerbungen kämpfen zu müssen, die entweder fehlerhaft, nicht aussagekräftig oder gar völlig substanzlos sind.

Die Hoffnungen, mit einer allgemein gehaltenen Bewerbung eine Stelle zu finden, sind leider vergebens. Stattdessen hat sich in den letzten Jahren ganz massiv der Wunsch nach dem passgenauen Bewerber in den Personalabteilungen durchgesetzt.

Aus diesem Grund haben wir die drei Elemente unserer Profil-Methode® – Passgenauigkeit, Stärkenorientierung und Glaubwürdigkeit – aus der Praxis heraus entwickelt. Bewerber, die diese drei Elemente in ihrer schriftlichen Bewerbung umsetzen, schaffen es nicht nur, der Aussortierung zu entgehen, sondern oft auch, Personalverantwortliche richtiggehend zu begeistern.

Aus unseren Gesprächen mit den Entscheidern im Unternehmen wissen wir, dass gute Bewerbungen nach wie vor eher selten sind. Besonders die inhaltliche Seite wird aus ihrer Sicht von vielen Bewerbern sträflich vernachlässigt. Dabei liegt hier der Schlüssel zum Erfolg. Zu viele Flüchtigkeitsfehler führen direkt ins Aus. Es ist auch wichtig, die Formalien im Griff zu haben. Ordentliche Unterlagen sind Grundvoraussetzung! Ein gut sortierter und sauberer Schnellhefter hält die Bewerbung im Rennen, aber ein Argument für eine Einstellung ist er nicht. Allein eine gute Rechtschreibung bringt ebenfalls noch keinen Arbeitsvertrag. Eine saubere Aufbereitung der Unterlagen wird schlichtweg erwartet!

Die Entscheidung über eine Einstellung treffen die Firmenvertreter aufgrund der inhaltlichen Qualitäten eines Bewerbers. Entscheidend ist deshalb, was ein Bewerber über sich sagt, das heißt, wo er seine Stärken sieht, über welche beruflichen Erfahrungen er verfügt, welche Kenntnisse ihm bei der Bewältigung des Arbeitsalltages helfen und wie er mit Kollegen und Vorgesetzten zurechtkommt. Bei der inhaltlichen Aufbereitung haben Bewerber einen großen Gestaltungsspielraum, der leider allzu oft nicht oder falsch genutzt wird.

Entwickeln Sie deshalb ein Gespür dafür, was unbedingt zu vermeiden ist und wo Sie sich selbst ein Bein stellen. Damit Sie nicht zu den Bewerbern gehören, deren Unterlagen aussortiert werden, sollten Sie sich einmal in die Rolle der Unternehmensvertreter hineinversetzen. Was stößt Personalverantwortlichen besonders auf, und wann werden Bewerbungsmappen aussortiert? Diese Fehler führen sofort zu einer Absage:

→ **unklare berufliche Vorstellungen**
→ **kein berufliches Profil**
→ **Schlampigkeit**
→ **Massenbewerbung**
→ **Selbstanklage**
→ **Krisenorientierung**

Unklare berufliche Vorstellungen: Nicht selten fragen sich Personalverantwortliche nach der Durchsicht einer Mappe, in welchem Aufgabenfeld der Bewerber eigentlich tätig sein möchte. Bewerbungsunterlagen, die auch nicht im Ansatz erkennen lassen, welche beruflichen Vorstellungen der Absender hat, stiften eher Verwirrung als dass sie dabei helfen, eine Personalentscheidung zu treffen. Die Personalauswahl ist schließlich keine Berufsberatung. Wer versucht, sich alle Türen offen zu halten, und die Personalverantwortlichen direkt oder indirekt dazu auffordert, doch bitte zu entscheiden, für welche Stelle man sich eignen könnte, fällt durch. Bewerber müssen selbst wissen, was sie wollen. Dies kann kein Personalverantwortlicher für Sie übernehmen.

Kein berufliches Profil: Wird in der Bewerbungsmappe kein berufliches Profil deutlich, ist der Bewerber uninteressant. Viele Unterlagen bestehen nur aus nichtssagenden Floskeln, ohne dass die eigenen Stärken und individuellen Erfahrungen thematisiert werden. Nur selten ist aus Anschreiben und Lebenslauf ein individuelles Stärkenprofil herauszulesen. Dies ist bedauerlich, denn wir wissen aus unserer Beratungspraxis, dass jeder Bewerber und jede Bewerberin einiges zu bieten hat. Es kommt aber darauf an, dies auch mitzuteilen. Stellensuchende, die nicht die notwendigen Informationen liefern, können nicht auf die Gnade der Personalverantwortlichen hoffen.

Das sollten Sie sich merken:
Die Personalabteilung eines Unternehmens ist keine Berufsberatung. Sie müssen schon selbst wissen, was Sie können und was Sie wollen.

Schlampigkeit: Während man ein schlecht aufbereitetes berufliches Profil noch als Unerfahrenheit in Sachen Bewerbung einordnen kann, gibt es für Schlampigkeit keine Entschuldigung. Verknickte Fotos, die aussehen, als ob der Bewerber sich seit der Ausbildungszeit damit bewirbt, Tippfehler, falsch geschriebene Firmennamen, unlesbare Zeugniskopien, fehlende Arbeitszeugnisse: Die Reihe der formalen Fehler ist lang. In den Augen von Personalverantwortlichen ist damit die erste Arbeitsprobe – die schriftliche Bewerbung – gründlich misslungen. Man wird aufseiten der Firma Rückschlüsse auf die Arbeitsweise dieser Kandidaten ziehen und vermuten, dass sie nicht nur in der Bewerbungsarbeit pfuschen.

Massenbewerbung: Viel hilft viel, glaubt mancher Bewerber, und schickt nicht nur eine Hand voll passgenauer Bewerbungen an ausgewählte Firmen, sondern verstreut seine lieblose Massenware zu Dutzenden in alle Himmelsrichtungen. Gewinnen Personalverantwortliche den Eindruck, dass sich die Passgenauigkeit der Bewerbungsmappe darauf beschränkt, die jeweilige Firmenanschrift neu einzutippen, dann sehen sie rot. Unterlagen, die aussehen, als ob der Verfasser die Stellenanzeige überhaupt nicht gelesen hat, werden als Erste aussortiert. Immer gleiche Bewerbungsrundschreiben machen weder den Bewerber noch die Firma glücklich, sondern nur die Post – übrigens als doppelter Gewinn, da die Unterlagen gleich wieder zurückgesandt werden.

Selbstanklage: Würden Sie jemanden engagieren, der Ihnen zuerst einmal erzählt, was er alles nicht kann? Personalverantwortliche tun dies auch nicht! Natürlich ist kein Mensch perfekt, aber wer in seinen Bewerbungsunterlagen die eigenen Mängel thematisiert, kann nicht darauf hoffen, auf große Zustimmung zu stoßen. Zu viel Ehrlichkeit kann im Bewerbungsverfahren kontraproduktiv sein. Überzeugen Sie lieber, indem Sie Ihre Stärken, also das, was Sie können, auflisten. Schließlich möchte man Sie einstellen, weil Sie bestimmte Dinge gut beherrschen. Verzichten Sie deshalb auf Selbstanklagen und Relativierungen, und machen Sie sich mit Ihren Stärken interessant.

Krisenorientierung: Es gibt immer einen bestimmten Grund dafür, den Arbeitsplatz zu wechseln. Aber Achtung, die wahren Gründe für den Stellenwechsel und das, was Personalverantwortliche akzeptieren, stimmen nicht automatisch überein. Wer sich über nervende Kollegen, schimpfende Vorgesetzte, blockierende Grabenkämpfe oder womöglich Unterforderung beschwert, begibt sich auf dünnes Eis. Denn allzu schnell werden Personalverantwortliche sich fragen, welche Rolle der Bewerber wohl bei den Schwierigkeiten spielt. Vermeintliche Störenfriede holt man sich nur ungern in die Firma.

Vermeiden Sie in Zukunft diese Fehler. Wir werden Ihnen vorstellen, wie es besser geht, und sind davon überzeugt, dass sich der Einsatz unserer Profil-Methode® auch für Sie lohnen wird. Lassen Sie sich nun zeigen, wie Sie Ihre Bewerbungsmappe optimal aufbereiten.

2. Was können Sie besonders gut?

Bevor Sie an die Ausarbeitung Ihrer schriftlichen Unterlagen gehen, ist zunächst einmal ein Perspektivenwechsel nötig, denn erst wenn Sie wissen, was genau die Firmen von Ihnen verlangen, können Sie auch darauf eingehen.

Ihr erster Schritt auf dem Weg zur erfolgreichen Bewerbung beginnt deshalb damit, sich vor Augen zu führen, worauf es den Firmen ankommt. Viele Bewerberinnen und Bewerber sind sich beispielsweise gar nicht klar darüber, dass heutzutage weitaus mehr verlangt wird als reines Fachwissen. Für die Unternehmen ist in zunehmendem Maße die Persönlichkeit des Bewerbers wichtig geworden, die mithilfe von Soft Skills beschrieben wird. Was darunter genau zu verstehen ist, werden wir Ihnen in diesem Kapitel erläutern. Erstellen Sie außerdem mit unserer Hilfe eine Bilanz Ihrer fachlichen und persönlichen Fähigkeiten und Ihrer beruflichen Entwicklung. Zudem sollten Sie sich auch über Ihre eigenen Vorstellungen von einer neuen Arbeitsstelle klar werden. Denn nur wer weiß, was er kann und will, wird andere von sich überzeugen können.

Ihr Potenzial an Soft Skills

Wenn Sie Stellenanzeigen in Zeitungen oder im Internet aufmerksam lesen, merken Sie schnell, dass bestimmte Begriffe immer wieder auftauchen: beispielsweise Flexibilität, Motivation,

Teamfähigkeit, Organisationsgeschick oder Durchsetzungsfähigkeit. Diese Anforderungen haben keinen direkten Bezug zu dem Fachwissen der Bewerber, sondern beziehen sich auf die Person. Daher werden sie auch persönliche Fähigkeiten, außerfachliche Qualifikationen oder soziale Kompetenz genannt. Im Personalbereich hat sich der Ausdruck Soft Skills durchgesetzt.

Es geht bei Soft Skills darum, wie Sie an berufliche Aufgaben herangehen und wie Sie mit Kunden, Kollegen und Vorgesetzten klarkommen. Denn wenn Mitarbeiter sich selbst oder ihre Beziehung zu anderen nicht im Griff haben, sind auch die Arbeitsabläufe stark gestört. Sie werden es gewiss schon erlebt haben: Man trifft auf fachlich versierte Menschen, die es nicht schaffen, ihr Wissen auch an andere weiterzugeben. In einer Projektgruppe schadet dies der gemeinsamen Arbeit, da die Kollegen im Team nicht auf das Wissen des Spezialisten zurückgreifen können. Personalprofis würden in diesem Fall von mangelnder Vermittlungskompetenz sprechen und sicherlich an der Teamfähigkeit zweifeln. Manchmal glauben die Experten auch, dass ihre fachliche Autorität ausreicht, um gute Ideen durchzusetzen. Sie wundern sich dann, wenn sie trotzdem auf Widerstand treffen. Nicht selten verstricken sich dann die Mitarbeiter aus Forschung und Entwicklung in Grabenkämpfe mit ihren Kollegen aus Marketing, Produktion oder Verkauf. In solchen Fällen fehlen die Soft Skills Einfühlungsvermögen und Überzeugungsstärke.

Das sollten Sie sich merken:
Soft Skills haben auch deshalb an Bedeutung gewonnen, weil Unternehmensbereiche heutzutage viel stärker miteinander verzahnt sind als früher. Deshalb sind Mitarbeiter gefragt, die sich – fachübergreifend – mit anderen abstimmen, Informationen von Spezialisten einholen und andere von ihren Ideen überzeugen können.

Je nach den Anforderungen des Berufsfeldes werden also ganz unterschiedliche persönliche Eigenschaften eingefordert. Aus diesem Grund werden Sie im schriftlichen Bewerbungsverfahren nur dann Erfolg haben, wenn Sie von Anfang an erkennen, welche Soft Skills in der von Ihnen angestrebten Stelle wichtig sind und über welche Sie selbst verfügen.

Wir wissen aus unserer Beratungspraxis, dass es allen Bewerbern relativ schwerfällt, die eigene Persönlichkeit zu beschreiben. Viele flüchten sich dann in das Aneinanderreihen von Floskeln. Es führt aber zu nichts, wenn im Anschreiben persönliche Fähigkeiten ohne belegende Beispiele einfach behauptet werden, denn Selbstbeschreibungen im Stil von »Ich bin dynamisch, leistungsbereit und motiviert« überzeugen keine Personalprofis. Diese wollen erkennen, dass sich ein Bewerber wirklich mit seinem Potenzial an Soft Skills auseinandergesetzt hat – nur dann verfügt er über die wichtige Fähigkeit der realistischen Selbsteinschätzung!

Das sollten Sie sich merken:
Während man früher die persönlichen Fähigkeiten erst im Vorstellungsgespräch überprüfte, sollten Sie heutzutage bereits mit Ihrer Bewerbungsmappe dokumentieren können, dass Sie über die von der Firma gewünschten Soft Skills verfügen.

Wenn Sie Ihre Soft Skills herausfinden möchten, sollten Sie einmal in Ruhe Ihre beruflichen Aufgaben Revue passieren lassen. Jeder Mensch hat im Arbeitsleben schon mit Aufgabenstellungen zu tun gehabt, die ihm leichter von der Hand gingen, und solchen, mit denen er sich schwergetan hat. Richten Sie Ihren Blick auf die positiven Seiten. Analysieren Sie, welche Arbeitsweisen Ihnen liegen, wie Sie am liebsten die Zusammenarbeit mit anderen gestalten und wie Sie Probleme lösen.

Damit Ihr Soft-Skill-Potenzial glaubwürdig ist, brauchen Sie Beispiele, mit denen Sie Personalverantwortliche überzeugen können. Dabei hilft Ihnen die Auseinandersetzung mit unserem Fragenkatalog »Spüren Sie Ihre Soft Skills auf«. Überlegen Sie sich für jede Frage, die Sie mit Ja beantworten, eine Situation aus Ihrer bisherigen Berufspraxis, anhand derer Sie diese persönliche Fähigkeit belegen können.

Spüren Sie Ihre Soft Skills auf

Frage	Dahinterstehende Soft Skills
Haben Sie in letzter Zeit Ihre beruflichen Kenntnisse erweitert?	→ Lernbereitschaft
Setzen Sie Ihre Vorstellungen in Verhandlungen durch?	→ Kommunikationsgeschick
Können Sie mit Widerständen umgehen?	→ Durchhaltevermögen
Haben Sie auch schon Aufgaben außerhalb Ihres eigentlichen Tätigkeitsbereiches übernommen?	→ Flexibilität
Stellen Sie sich auch einmal die Frage nach den Kosten?	→ Unternehmerisches Denken
Können Sie neue Entwicklungen anschieben?	→ Eigeninitiative
Haben Sie Spaß daran, Kunden zu beraten?	→ Serviceorientierung

Können Sie sich in einer Arbeitsgruppe mit anderen abstimmen?	→ Teamfähigkeit
Können Sie sich selbst Arbeitsziele setzen?	→ Selbstständiges Arbeiten
Haben Sie Kollegen schon einmal bei der Arbeit geholfen?	→ Hilfsbereitschaft
Waren Sie auch schon außerhalb der Firma eingesetzt?	→ Mobilität
Können Sie mit hohem Arbeitsanfall umgehen?	→ Belastbarkeit
Bleiben Sie gelassen, auch wenn es einmal hoch hergeht?	→ Stressresistenz
Haben Sie schon strategische Aufgaben übernommen?	→ Konzeptionsstärke
Hören andere auf Sie?	→ Durchsetzungsstärke
Können Sie sich schnell auf unterschiedliche Menschen einstellen?	→ Einfühlungsvermögen
Akzeptiert man Sie als Teamleiter?	→ Führungsstärke
Sehen Sie Probleme als Herausforderung an?	→ Problemlösungskompetenz

Nehmen Sie sich genügend Zeit für die Auseinandersetzung mit diesem Fragenkatalog, denn Ihre Vorarbeit ist hier sehr wichtig. Welche Situationen aus dem Arbeitsalltag als Belege für persönliche Fähigkeiten dienen können, zeigen wir Ihnen am nachfolgenden Beispiel.

Beispiel

Eine Teamassistentin hat für sich die Soft Skills »Selbstständiges Arbeiten«, »Hilfsbereitschaft« und »Teamfähigkeit« festgehalten. Die folgenden Situationen hat sie als Belege für diese Fähigkeiten notiert:

→ *Selbstständiges Arbeiten:* **An ihrem Arbeitsplatz ist die Teamassistentin für die Büroorganisation zuständig. Sie vergibt selbstständig Termine und entscheidet über die Mittelverwendung aus dem Budget für Bürobedarf.**

→ *Hilfsbereitschaft:* **Wenn neue Kolleginnen eingearbeitet werden, steht ihnen die Teamassistentin mit Rat und Tat zur Seite. Insbesondere bei Fragen zur EDV wird ihre Hilfe gern in Anspruch genommen.**

→ *Teamfähigkeit:* **Die Teamassistentin hilft oft Assistenten aus anderen Unternehmensbereichen bei der Datenaufbereitung. Insbesondere vor wichtigen Präsentationen ist sie gefragt.**

Nehmen Sie Ihre Auseinandersetzung mit Ihren Fähigkeiten ernst, denn Sie leisten an dieser Stelle bereits wichtige Vorbereitungen für Ihre Bewerbungsunterlagen. Überlegen Sie sich also mindestens drei Soft Skills, die kennzeichnend für Sie sind. Und vergessen Sie bitte nicht, die entsprechenden Beispielsituationen in Kurzform festzuhalten, ähnlich wie wir es im Beispiel gezeigt haben. Auf diese Notizen werden Sie im Laufe des Bewerbungsverfahrens noch häufig zurückgreifen können.

Ihr Fachwissen

Auch wenn Soft Skills heute eine wichtige Rolle spielen, heißt das noch lange nicht, dass Ihr Fachwissen damit entbehrlich geworden ist. Im Gegenteil, zur Passgenauigkeit gehört auch, dass die für die ausgeschriebene Stelle wichtigen Spezialkenntnisse vorhanden sein müssen. Erwecken Sie den Eindruck, dass man Sie erst mühsam einarbeiten muss, bevor Sie Aufgaben übernehmen können, haben Sie schlechte Karten.

Des Weiteren sollten Sie berücksichtigen, dass heutige Arbeitsfelder immer spezieller geworden sind. Es reicht also nicht, Fachwissen durch die Angabe der Berufsbezeichnung nachzuweisen. Berufsabschlüsse oder formale Argumente bringen Sie hier nicht weiter. Bei der Darstellung von fachlichem Know-how müssen Sie ins Detail gehen. Es reicht also keinesfalls aus, wenn ein Bewerber sich selbst als IT-Spezialisten bezeichnet. Für Personalverantwortliche wird dadurch nicht klar, in welchen Bereichen er einsetzbar wäre: Ist er ein Netzwerktechniker? Ein Systemadministrator? Erstellt er Homepages? Oder programmiert er Mikroprozessoren?

Sie sehen, auch bei der Erfassung Ihres Fachwissens müssen Sie präzise vorgehen und Ihre Kenntnisse herausarbeiten, um sie benennen zu können. Durchleuchten Sie dazu nicht nur Ihre momentanen Aufgaben, sondern berücksichtigen Sie auch Ihre Ausbildung oder Ihr Studium, Fort- und Weiterbildungen und natürlich die Kenntnisse, die Sie sich während Ihrer Berufspraxis im Laufe der Jahre erarbeitet haben. Orientieren Sie sich an dem nachfolgenden Beispiel, wenn Sie Ihre fachlichen Kenntnisse herausarbeiten.

Beispiel

Bei einer kaufmännischen Assistentin könnte die Sammlung ihres Fachwissens so aussehen.

→ *Kenntnisse aus der Ausbildung:* **Disposition, Rechnungswesen, Absatzplanung**

→ FORTSETZUNG AUF DER NÄCHSTEN SEITE

→ *Kenntnisse aus der Einstiegsposition:* Erstellung von Präsenta-
   tionsunterlagen, Datenbankpflege, Buchhaltung
→ *Kenntnisse aus der zweiten Stelle:* Einkauf und Beschaffung,
   Rechnungswesen
→ *Kenntnisse aus der heutigen Position:* Rechnungslegung, Auftrags-
   kalkulation, Vorbereitung der Jahresabschlüsse
→ *Kenntnisse aus Weiterbildungen:* Kostenrechnung, Betriebsstatistik
→ *EDV-Kenntnisse:* Word, PowerPoint, Excel, Lotus Notes, Outlook,
   Access
→ *Sprachkenntnisse:* Englisch und Spanisch

Nun sind Sie wieder an der Reihe. Versuchen Sie jetzt, Ihre eigene Sammlung von Fachkenntnissen zu erstellen. Wahr-
scheinlich werden Sie erstaunt sein, wie viele Kenntnisse Sie
sich im Laufe der Zeit angeeignet haben. Ihre Detailarbeit wird
sich für Sie doppelt lohnen: Zum einen haben Sie Material für
Anschreiben und Lebenslauf zur Hand, zum anderen steigern
Sie Ihr Selbstwertgefühl. Ist es doch im stressigen Bewerbungs-
marathon wichtig, sich immer wieder bewusst zu machen,
was man zu bieten hat.

Ziehen Sie Bilanz

Mit dem neu gewonnenen Gespür für Ihre Soft Skills und Ihre
Fachkenntnisse sollten Sie nun daran gehen, eine Bilanz Ihrer
bisherigen beruflichen Entwicklung zu ziehen. Lassen Sie
nicht zu, dass der Blick auf das Tagesgeschäft die beruflichen
Erfolge der Vergangenheit verdrängt. Es wäre doch schade,
wenn berufliche Erfahrungen vergessen würden, die Sie für
Ihre Bewerbung nutzen könnten. Je deutlicher Ihnen Ihre bisherigen Leistungen bewusst sind, desto besser werden Sie sich
in Szene setzen können. Lassen Sie vor Ihrem inneren Auge

Ihre berufliche Entwicklung noch einmal vorbeiziehen: Halten Sie fest, auf welchen Positionen Sie bereits tätig waren und welche Arbeitsfelder Sie sich erschlossen haben. Erarbeiten Sie sich zunächst eine lückenlose Aufstellung aller von Ihnen bewältigten beruflichen Aufgaben – das Fundament für die spätere inhaltliche Ausgestaltung Ihrer Bewerbungsunterlagen.

Beginnen Sie chronologisch, richten Sie den Blick zurück zu Ihrer ersten Stelle. Welche Aufgaben haben Sie in Ihrer Einstiegsposition bewältigt? Gehen Sie dann weiter zur nächsten Anstellung und notieren Sie, welche Tätigkeiten Sie dort ausgeführt haben. So geht es weiter bis zu Ihrer aktuellen Stelle. Beschränken Sie sich bei der Bilanzierung nicht nur auf das Tagesgeschäft. Denken Sie auch an Urlaubsvertretungen, Sonderaufgaben und Projekte. Vielleicht haben Sie sich auch außerhalb Ihres Berufes besondere Kenntnisse erschlossen, beispielsweise in ehrenamtlicher Tätigkeit.

Je detaillierter Sie Ihre bisherigen Leistungen bilanzieren, desto besser. Nehmen Sie sich ausreichend Zeit, damit Sie nichts vergessen. Helfen werden Ihnen hierbei auch Arbeitszeugnisse, Projektberichte, Arbeitsverträge und Stellenbeschreibungen. Nach einer Weile der produktiven Rückschau werden Sie erstaunt feststellen, was Sie schon alles gemacht haben und welche Erfolge sich dabei eingestellt haben.

Dokumentieren Sie Ihre bisherigen Tätigkeiten und Erfahrungen in der folgenden Form:

1. **Firma**
2. **Bereich**
3. **Abteilung**
4. **Berufsbezeichnung**
5. **Aufgaben im Tagesgeschäft**
6. **Sonderaufgaben**
7. **besondere Erfolge**

Damit Sie eine Vorstellung davon bekommen, wie eine derartige Bestandsaufnahme aussehen kann, geben wir Ihnen nun ein Beispiel.

Beispiel

Die Bestandsaufnahme einer Vertriebsassistentin könnte so dargestellt werden:

→ **Einstiegsposition:**
   1. **Call Center GmbH**
   2. **Kundendienst**
   3. **Technischer Kundendienst**
   4. **Call-Center-Agentin**
   5. **Telefonische Kundenberatung und Problemanalyse**
   6. **– keine –**
   7. **Hoher Anteil an selbstständig vorgeschlagenen Lösungen, ohne auf technische Fachabteilungen verweisen zu müssen.**

→ **Zweite Position:**
   1. **Zeitarbeit GmbH & Co. KG**
   2. **– keiner –**
   3. **Einsatz im Technical Support bei verschiedenen Firmen**
   4. **Zeitarbeitskraft**
   5. **Reklamationsbearbeitung**
   6. **– keine –**
   7. **Übernahmeangebot der IT Solutions AG**

→ **Dritte Position:**
   1. **IT Solutions AG**
   2. **Vertrieb**
   3. **Vertriebsinnendienst**
   4. **Vertriebsmitarbeiterin**

5. Kundenberatung, Auftragsabwicklung, Aufbereitung von Verkaufsstatistiken
6. Gesprächsleitfaden für den Service entwickelt
7. Beschleunigung der Auftragsabwicklung und Einsatz des mitentwickelten Gesprächsfadens in der Praxis

→ **Aktuelle Position:**
   1. Haushaltsgeräte AG
   2. Vertrieb und Verkauf
   3. Verkaufsförderung
   4. Vertriebsassistentin
   5. Betreuung des Elektrogroßhandels, Erstellung von Material für Produktschulungen, Entwicklung der Kundenbeziehungen, Einkauf von Werbemitteln
   6. Etablierung von Point-of-Sale-Systemen im Handel
   7. Zweistellige Umsatzsteigerung im Fachhandel

Gehen auch Sie bei Ihrer Bestandsaufnahme so gründlich vor wie die Vertriebsassistentin aus dem Beispiel. Sie werden bei der Ausarbeitung Ihrer Bewerbungsunterlagen noch oft auf diese Bilanz zugreifen, denn Sie brauchen nicht nur für Ihre Bewerbungsmappe Argumente. Auch für Telefonate mit Firmenvertretern oder für Vorstellungsgespräche benötigen Sie schlagkräftige Beispiele, um Ihre Erfolge und Stärken zu belegen. Erarbeiten Sie sich deshalb Ihre eigene Bestandsaufnahme. Erkennen Sie, was Sie schon alles geleistet haben, um andere von sich begeistern zu können.

Wie sehen Ihre Wünsche aus?

Außer über Ihre Erfahrungen sollten Sie sich auch Gedanken darüber machen, welche Wünsche Sie an eine neue Stelle haben. Manche Berufstätigen hasten von einer Stelle zur nächsten, ohne sich jemals Klarheit darüber zu verschaffen, ob sie auch in einem Bereich arbeiten, in dem sie ihre Stärken wirklich ausspielen können. Daher ist es wichtig, bereits im Vorfeld einer Bewerbung darüber nachzudenken, was Sie künftig verstärkt machen wollen und was lieber nicht mehr.

Leider kommt dieser Aspekt im Bewerbungsverfahren häufig zu kurz, denn nicht selten stehen Bewerber unter Druck: Die Firma hat ihnen gekündigt, Vorgesetzte versuchen, sie »kleinzuhalten«, oder die Auftragslage bröckelt dramatisch. Es ist verständlich, dass man dann möglichst schnell in eine andere Beschäftigung wechseln möchte. Aus unserer Beratungspraxis wissen wir aber, dass übereilte Entscheidungen nur selten zum gewünschten Erfolg führen. Denn zu schnell trifft derjenige, der sich nicht über seine eigenen Wünsche klar geworden ist, am neuen Arbeitsplatz auf die alten Probleme.

Damit Ihnen dies nicht passiert, sollten Sie Ihren Stellenwechsel planvoll angehen. Hüten Sie sich davor, die gesamte Entscheidung auf die Frage »Soll ich wechseln oder nicht?« zu reduzieren. Finden Sie lieber heraus, was Sie gerne machen und in Zukunft vertiefen möchten, aber auch, welche Tätigkeiten Ihnen nicht so liegen. Wenn Sie sich auf diese Weise vorbereiten, werden Sie es auch schaffen, dem Bewerbungsverfahren etwas Positives abzugewinnen: Schließlich bietet Ihnen der Stress, die Stelle wechseln zu müssen, auch die Chance, bisherige Arbeitsinhalte zu hinterfragen und eventuell zu verändern.

Auch Ihre Glaubwürdigkeit werden Sie deutlich steigern können, wenn Sie Ihre beruflichen Wünsche sorgfältig analysieren. Denn eine Standardfrage im Bewerbungsverfahren – warum Sie überhaupt die neue Stelle anstreben – wird man früher oder später auch Ihnen stellen. Mit der Darstellung von Problemen am jetzigen Arbeitsplatz werden Sie dann nicht punkten können. Personalverantwortliche lassen sich nur beeindrucken, wenn Bewerber wissen, was sie wollen.

Machen Sie sich Ihre Wünsche an Ihren Arbeitsplatz klar. Gehen Sie unsere Liste »Reflektieren Sie Ihre beruflichen Wünsche« durch, um die Ansprüche, die Sie an die neue Stelle haben, herauszuarbeiten. Den perfekten Arbeitsplatz mit immer gut gelaunten Kollegen, stets fördernden Vorgesetzten, freier Zeiteinteilung, üppiger Bezahlung und immer leicht von der Hand gehenden Tätigkeiten gibt es nicht. Auch Sie werden Kompromisse eingehen und Abstriche machen müssen. Aber dies sollte Sie nicht davon abhalten, Ihrer Wunschposition so nah wie möglich zu kommen.

Reflektieren Sie Ihre beruflichen Wünsche

○ Welche Aufgaben möchten Sie in der neuen Stelle auf jeden Fall fortführen?

....

○ Bei welchen Tätigkeiten geht Ihnen die Arbeit besonders leicht von der Hand?

....

○ Mit welchen Arbeiten tun Sie sich schwer?

....

○ In welchen Fachgebieten sind Sie als Experte anerkannt?

....

○ Wann fragt man Sie um Rat?

....

○ Wo können Sie ohne weitere Einarbeitung gleich erfolgreich arbeiten?

→ FORTSETZUNG AUF DER NÄCHSTEN SEITE

○ Möchten Sie, dass bisherige Sonderaufgaben zum festen Bestandteil Ihrer Arbeit werden?

○ Wollen Sie stets mit den gleichen Kollegen zusammenarbeiten?

○ Bevorzugen Sie den Einsatz in Arbeitsgruppen mit wechselnder Zusammensetzung?

○ Wünschen Sie sich viel Freiraum für eigene Entscheidungen?

○ Möchten Sie, dass man die Arbeit für Sie strukturiert?

○ Können Sie mehrere Aufgabenstellungen zur gleichen Zeit bearbeiten?

○ Brauchen Sie schnelle Rückmeldungen über den Erfolg Ihrer Arbeit?

○ Liegt Ihnen ein hektisches Arbeitsumfeld?

○ Gehen Sie die Arbeit lieber in aller Ruhe an?

○ Möchten Sie einen Teil Ihrer Aufgaben lieber zu Hause erledigen?

○ Macht es Ihnen Spaß, anderen etwas beizubringen?

○ Sehen Sie sich als Vermittler zwischen Vorgesetzten und Mitarbeitern?

○ Welche Aufgaben würden Sie auch ehrenamtlich bearbeiten?

○ Wie hoch darf der Anteil an Reisetätigkeit sein?

....

○ Möchten Sie im Ausland arbeiten?

○ Wollen Sie eine Führungsposition übernehmen?

....

○ Legen Sie Wert auf Gleitzeit?

....

○ Kommt es für Sie infrage, nachts oder am Wochenende zu arbeiten?

....

○ Sind Sie bereit, für eine neue Stelle umzuziehen?

....

○ Wünschen Sie sich ein möglichst hohes Gehalt?

....

○ Sind Sie bereit, flexible Gehaltsbestandteile zu akzeptieren (Provisionen, Prämien, Sondervergütungen)?

....

○ Ist Ihnen ein bestimmtes Firmenimage wichtig (traditionell, ökologisch, kreativ, dynamisch)?

Nachdem Sie sich Ihrer Vorlieben und Stärken bewusst geworden sind, können Sie nun in die eigentliche Bewerbungsarbeit einsteigen. Sie wissen jetzt, in welcher Arbeitsumgebung Sie am meisten leisten können, in welchem Bereich Ihre beruflichen und persönlichen Stärken liegen und welche Aufgaben Ihnen einen Motivationsschub verschaffen. Sie haben viel zu bieten – machen Sie sich im Bewusstsein Ihres Könnens auf den Weg, um sich eine neue Stelle zu erobern.

3. Was verraten Ihnen Stellenanzeigen?

Viele Bewerberinnen und Bewerber scheinen Schwierigkeiten damit zu haben, Stellenanzeigen richtig auszuwerten. Zumindest klagen die Personalverantwortlichen darüber, dass viele Bewerbungen den Eindruck erwecken, als hätten die Bewerber die Anforderungsprofile überhaupt nicht gelesen.

Dies schmälert nicht nur die Erfolgschancen, sondern ärgert auch die Personalprofis. Denn in den Firmen wird viel Vorarbeit geleistet, bevor eine Stellenanzeige überhaupt in der Zeitung, auf der Firmenhomepage oder in Internet-Jobbörsen erscheint.

In der Regel melden die Fachabteilungen ihren Bedarf an die Personalabteilung. Gemeinsam wird ein Stellenprofil erarbeitet, in dem die Kenntnisse und die Berufserfahrung festgehalten werden, über die ein geeigneter Bewerber verfügen muss. Je nach Art der Stelle werden dann noch die Soft-Skill-Anforderungen definiert. Positionen im Service und mit Kundenkontakt verlangen schließlich andere persönliche Fähigkeiten als solche in der Forschung oder in der Verwaltung. Dieses Stellenprofil wird dann an eine Agentur weitergeleitet, die das Layout der Stellenanzeige übernimmt. Gerade in größeren Unternehmen wird mit der Schaltung von Stellenanzeigen auch ein öffentlichkeitswirksames Auftreten beabsichtigt. Nicht nur aktuell gesuchte Bewerber, sondern auch solche, die mittelfristig mit einem Stellenwechsel liebäugeln, sollen auf die Firma schon jetzt aufmerksam gemacht werden.

Vorsicht Falle!
Zeigen Sie, dass Sie sich mit der Auswertung der Anzeige befasst haben. Personalverantwortliche reagieren sehr ungehalten, wenn Bewerber sich nicht die Mühe machen, die Stellenanzeige wirklich gründlich zu analysieren.

Informationen auswerten

Zwei Grundprobleme sind bei Bewerbungen häufig zu beobachten: Entweder erwecken Anschreiben und Lebenslauf den Eindruck, dass der Verfasser sich überhaupt nicht mit der Stellenanzeige auseinandergesetzt hat, oder der Text der Anzeige wurde einfach abgeschrieben. Im ersten Fall müssen sich die Bewerber den Vorwurf gefallen lassen, dass sie Rundschreiben versenden und es ihnen gar nicht ernsthaft um die ausgeschriebene Stelle geht. Im zweiten Fall wirkt die Bewerbung unglaubwürdig. Wer anderen offensichtlich nach dem Mund redet, ohne ein eigenes Profil sichtbar zu machen, kann nicht damit rechnen, dass seine Absichten ernst genommen werden. Es lohnt sich also, bei Stellenanzeigen etwas genauer hinzuschauen. Denn nur wer die Wünsche der jeweiligen Firma entschlüsseln kann, ist überhaupt in der Lage, in seinen schriftlichen Unterlagen auf diese Vorgaben einzugehen.

Ihre Analyse von Stellenanzeigen sollte damit beginnen, deren Struktur zu entschlüsseln. Die Informationen der Firmen werden stets nach einem bestimmten Muster aufbereitet. Üblicherweise gliedert sich eine Stellenanzeige in die vier Blöcke:

→ **Informationen über das Unternehmen**
→ **Die zukünftigen Aufgaben**

→ **Voraussetzungen des Bewerbers**
→ **Kontaktdaten und Formelles**

1. Informationen über das Unternehmen

Im Kopfteil von Stellenanzeigen geht es um das suchende Unternehmen. Hier finden sich Formulierungen wie »Ein Hersteller technisch anspruchsvoller Maschinen sucht ...« oder »Wir sind auf Expansionskurs und benötigen dringend Verstärkung«. Sie erfahren beispielsweise, ob es sich bei dem suchenden Unternehmen um einen Global Player, einen Mittelständler, ein Traditionsunternehmen oder einen kreativen Dienstleister handelt. Sie finden ebenfalls Angaben zur Branche, zu anderen nationalen oder internationalen Standorten und zur Mitarbeiterzahl.

Diese wichtigen Informationen über das Unternehmen werden oft überlesen, dabei ergeben sich häufig interessante Zusatzinformationen aus diesem Block: Wenn das Unternehmen international aufgestellt ist, können Sie Ihre Sprachkenntnisse ins Spiel bringen; expandiert das Unternehmen, können Sie auf geleistete Aufbauarbeit im Vertrieb hinweisen. Sind die Informationen über das Unternehmen nicht sehr aussagekräftig verfasst, müssen Sie sich selbst um weitere Firmeninfos kümmern. Recherchieren Sie im Internet oder ziehen Sie Presseberichte heran, in denen über aktuelle Entwicklungen in der Firma berichtet wird.

Das sollten Sie sich merken:
Nicht nur von Führungskräften, sondern von Bewerbern aller Ebenen wird erwartet, dass sie sich über das Unternehmen, seine Produkte und die Entwicklungen in der Branche informiert haben.

2. Die zukünftigen Aufgaben

In diesem Block wird vorgestellt, welche Aufgaben der zukünftige Mitarbeiter zu bewältigen hat. Es handelt sich hier um die zentralen Informationen, denn natürlich möchte eine Firma denjenigen Bewerber einstellen, der schon mit diesen Aufgaben in Berührung gekommen ist. Diese Erkenntnis wird aber leider von vielen Bewerbern missachtet, die nur ihre momentane Arbeit beschreiben, ohne Überschneidungen mit der neuen Position herauszustellen.

Wenn Sie die zukünftigen Aufgaben sorgfältig analysieren, haben Sie die Möglichkeit, mit Ihrer Bewerbung überdurchschnittlich zu beeindrucken. Denn gerade hier bietet sich ein großer Gestaltungsspielraum, den Sie nutzen sollten. Arbeiten Sie heraus, welche Erfahrungen Sie in den geforderten neuen Aufgabenstellungen bereits gesammelt haben. Alle Übereinstimmungen zwischen zukünftigen Anforderungen und von Ihnen schon bewältigten Aufgaben sind hier wichtig. Sie müssen nicht mit allen Tätigkeiten täglich Berührung gehabt haben, oft lässt sich mit einem Rückgriff auf Sonderaufgaben, Projekte, Urlaubsvertretungen oder frühere Arbeitsplätze ein Bezug herstellen.

Suchen Sie in der von Ihnen erstellten Bilanz Ihrer bisherigen beruflichen Tätigkeiten nach solchen, die eine Nähe zu den neuen Aufgaben aufweisen. Auf diese Weise setzen Sie sich vorteilhaft von den oberflächlichen Worthülsen Ihrer Mitbewerber ab. Werden Sie konkret, und lassen Sie erkennen, dass Ihre Mitarbeit eine Gewinn für die Firma wäre. Damit lösen Sie beim Leser in der Personalabteilung zustimmendes Nicken aus.

3. Voraussetzungen des Bewerbers

Dieser Block ist zwar wichtig, wird von Bewerbern aber häufig falsch eingeschätzt. Wer die Voraussetzungen des Unternehmens an neue Mitarbeiter erfüllen kann, bleibt zwar im Rennen, schafft es aber nicht, sich von den Mitkonkurrenten abzusetzen. Sie finden in diesem Block Vorgaben wie »Wir erwarten ein Studium im Bereich der Wirtschaftswissenschaften«, »Eine abgeschlossene kaufmännische Ausbildung setzen wir voraus« oder »Drei bis fünf Jahre Berufserfahrung sind unverzichtbar«. Diese Voraussetzungen müssen Sie selbstverständlich erfüllen. Aber Sie müssen davon ausgehen, dass die meisten Ihrer Mitbewerber diese Bedingungen ebenso erfüllen.

Neben einem bestimmten Berufsabschluss, spezifischen Branchenkenntnissen, Berufserfahrung und Sprach- und Computerkenntnissen werden hier häufig auch Soft Skills eingefordert. Werden »Teamfähigkeit«, »unternehmerisches Denken« oder eine »selbstständige Arbeitsweise« verlangt, müssen Sie darauf eingehen. Auch hier hilft ein Blick in Ihre Bestandsaufnahme. Liefern Sie plausible Beispiele aus Ihrer Berufspraxis, um die jeweiligen Soft Skills belegen zu können.

Bei den aufgeführten Anforderungen gibt es jedoch Abstufungen, denn nicht immer werden bestimmte Kenntnisse und Erfahrungen zwingend vorausgesetzt. Man unterscheidet zwischen Muss- und Kann-Anforderungen. Diesen Unterschied können Sie anhand der jeweiligen Formulierungen in der Stellenanzeige nachvollziehen. Eine Muss-Anforderung ist beispielsweise: »Es werden nur Bewerbungen berücksichtigt, bei denen Kenntnisse in ... nachgewiesen werden.« Auch die Formulierung »Der sichere Umgang mit ... ist unabdingbar« weist darauf hin. Erfüllen Sie Muss-Anforderungen nicht, können Sie sich das Porto sparen.

Anders sieht es bei Kann-Anforderungen aus. Dort haben Sie einen gewissen Gestaltungsspielraum. Kann-Anforderungen lauten beispielsweise so: »Sie verfügen idealerweise über

Kenntnisse in ...«, »Erfahrungen mit ... sind wünschenswert« oder »Branchenkenntnisse wären von Vorteil«. Eine Kann-Anforderung bedeutet jedoch nicht, dass es dem Unternehmen egal ist, ob ein Bewerber die entsprechenden Punkte erfüllt. Daher sollten Sie versuchen, auch Kann-Anforderungen in Ihrer Bewerbung aufzugreifen, beispielsweise indem Sie angeben, dass Sie »ausbaufähige Grundkenntnisse aus dem Bereich ... mitbringen« oder über »erste Erfahrung im Umgang mit ... verfügen«.

4. Kontaktdaten und Formelles

Dieser Block wird sehr unterschiedlich gestaltet. Manche Unternehmen führen einen Ansprechpartner für Fragen zur Bewerbung auf, andere verweisen auf weitere Informationen im Internet. Fast alle aber machen Angaben zur gewünschten Bewerbungsform. Achten Sie also darauf, vollständige Unterlagen zu versenden, wenn eine »aussagekräftige Bewerbung« gewünscht wird. Gelegentlich wird ausdrücklich eine »Kurzbewerbung« verlangt, die nur aus Anschreiben und Lebenslauf besteht. Manchmal wird darauf hingewiesen, dass nur eine Online-Bewerbung akzeptiert wird. Suchen große Unternehmen mit einer Stellenanzeige gleichzeitig mehrere neue Mitarbeiter, wird den einzelnen Stellen jeweils eine Kennziffer zugeordnet. Diese muss natürlich in Ihrem Anschreiben und auf dem Briefumschlag aufgeführt werden.

Falls die Angabe eines Eintrittsdatums verlangt wird, finden Sie dies ebenfalls in diesem Block. Gleiches gilt für Ihre Gehaltsvorstellungen. Greifen Sie diese Forderungen auf, und nennen Sie im Anschreiben Eintrittstermin und Gehaltswunsch. Machen Sie dies aber nur dann, wenn es ausdrücklich gefordert wird. Ansonsten sollten Sie diese Punkte lieber im Vorstellungsgespräch klären.

Stellenanzeigen in der Praxis

Wie Sie die einzelnen Informationen aus einer Stellenanzeige in der Praxis herauslesen, zeigen wir Ihnen nachfolgend. Lassen Sie sich vor Augen führen, wie man sich einen Informationsvorsprung erarbeiten kann, indem man eine Stellenanzeige gründlich analysiert.

Beispiel

Export GmbH & Co. KG

Wir sind Marktführer in unserem Segment, der Konstruktion von Lichtanlagen für den öffentlichen Bereich. Als international tätiges Unternehmen suchen wir ab sofort eine/n

INDUSTRIEKAUFMANN/INDUSTRIEKAUFFRAU
für die Produktionssteuerung

Ihre Aufgaben
Der Tätigkeitsschwerpunkt ist die Betreuung unserer Produktionsbetriebe. Sie führen für die betriebliche Steuerung regelmäßig Analysen durch und erstellen die Jahresplanung. Darüber hinaus begleiten Sie Projekte im Controlling und übernehmen Sonderaufgaben für die Geschäftsführung.

Ihre Voraussetzungen
Sie bringen eine Ausbildung zum Industriekaufmann/zur Industriekauffrau mit oder haben ein wirtschaftswissenschaftliches Studium abgeschlossen. Verwertbare EDV-Kenntnisse in Excel, Access und Word setzen wir voraus. Idealerweise haben Sie bereits erste Erfahrungen im Controlling gesammelt. SAP-Praxis wäre von Vorteil. Überdurchschnittliche Belastbarkeit, Flexibilität und die Fähigkeit, Ihre analytische Begabung in ein junges Team einzubringen, runden Ihr Profil ab.

Finden Sie sich in unserer Stellenanzeige wieder? Dann, und nur dann senden Sie uns Ihre aussagekräftigen Bewerbungsunterlagen. Wenn Sie weitere Informationen wünschen, steht Ihnen Herr Olaf Schultze (Tel. 07 11/ 44 33 44 – 23 oder per Mail Olaf.Schultze@export. net) zur Verfügung. Wir freuen uns über Ihre Bewerbung, die auch Angaben zu Ihren Gehaltsvorstellungen und zu Ihrem frühestmöglichen Eintrittstermin enthalten sollte.

Export GmbH & Co. KG, Personalabteilung, Herrn Olaf Schultze, Postfach 11 22 11, 70477 Stuttgart, www.export.net

Informationen über das Unternehmen: Der Tätigkeitsbereich des suchenden Unternehmens wird in diesem Block beschrieben. Es handelt sich um einen international operierenden Anbieter von Lichtanlagen. Bewerber, die bereits mit dem Bereich Beleuchtungstechnik in Kontakt gekommen sind, können Zusatzpunkte sammeln. Auch bereits wahrgenommene internationale Einsätze werden sicherlich gerne gesehen. Spezielle Sprachkenntnisse werden zwar nicht explizit eingefordert, da das Unternehmen aber international auftritt, sind sicherlich sehr gute Englischkenntnisse notwendig. Mit einem Blick auf die Homepage der Firma sollte man sich Informationen darüber verschaffen, in welchen Ländern die Export GmbH & Co. KG tätig ist. Auf diese Weise lassen sich auch weitere nützliche Sprachkenntnisse herausbekommen.

Die zukünftigen Aufgaben: Der in der Ausschreibung gesuchte »Industriekaufmann« beziehungsweise die »Industriekauffrau« wird in der »Produktionssteuerung« tätig sein. Ein Schwerpunkt liegt in der Analyse von Produktionskennziffern. Damit ist eine Nähe zum Controlling gegeben, was auch bestätigt wird durch die Teilnahme an »Projekten im Controlling«.

Erfahrung in der Produktionssteuerung werden sicherlich gerne gesehen. Bewerber, die schon einmal als Assistent gearbeitet oder Stellvertreterfunktionen für Abteilungs- oder Bereichsleiter innegehabt haben, dürften gut auf diese Stelle passen. Bewerber sollten unbedingt ihre Kenntnisse in der Analyse von Zahlenmaterial ins Zentrum der Bewerbung stellen. Dabei dürfen sie aber nicht stehen bleiben, denn die angesprochenen »Sonderaufgaben für die Geschäftsführung« beinhalten sicherlich auch Präsentationen. Vom zukünftigen Stelleninhaber wird erwartet, dass er sich nicht hinter seinem Zahlenmaterial versteckt, sondern unternehmerische Entscheidungen vorbereiten kann.

Voraussetzungen des Bewerbers: Die geforderte Ausbildung ist eindeutig benannt: entweder eine »Ausbildung zum Industriekaufmann/zur Industriekauffrau« oder ein »wirtschaftswissenschaftliches Studium«. Vorwiegend wird wohl der Praktiker gesucht, aber da keine konkrete Berufserfahrung gefordert ist, dürften auch engagierte Nachwuchskräfte und Hochschulabsolventen eine Chance bekommen, wenn sie über erste Praxiserfahrungen in der Produktionssteuerung verfügen. Die »Erfahrungen im Controlling« und an die »SAP-Praxis« sind als Kann-Anforderungen formuliert. Wer hier Kenntnisse mitbringt, ist zwar im Vorteil, aber das Controlling muss nicht als Hauptbeschäftigung ausgeführt worden sein. Die verlangten EDV-Kenntnisse bestehen aus gängiger Bürosoftware: Tabellenkalkulation (Excel), Datenbanken (Access) und Textverarbeitung (Word) muss der Bewerber beherrschen. Im letzten Drittel dieses Blocks werden spezielle Soft Skills aufgelistet. Die angesprochene »überdurchschnittliche Belastbarkeit« sollten Bewerber ernst nehmen. Hier sind dann aber Belege im Anschreiben und Lebenslauf genauso unverzichtbar wie bei den Punkten »Flexibilität«, »analytische Begabung« und »Teamfähigkeit«.

Kontaktdaten und Formelles: Mit der Formulierung »Finden Sie sich in unserer Stellenanzeige wieder? Dann, und nur dann senden Sie uns aussagekräftige Bewerbungsunterlagen« sollen Bewerber, die sich nicht sicher sind, ob sie die ausgeschriebene Stelle wirklich ausfüllen können, abgeschreckt werden. Die Firma hat wohl schon schlechte Erfahrungen mit wenig passgenauen Bewerbern bei anderen Ausschreibungen gemacht und möchte mit der »harten« Formulierung erreichen, dass Bewerber sich fragen, ob ihnen eine Tätigkeit in der Produktionssteuerung wirklich liegt. Damit die Bewerbung auch passgenau aufbereitet werden kann, steht ein Ansprechpartner, Herr Olaf Schultze, zur Verfügung. Bei ihm lassen sich weitere Informationen über die Ausgestaltung der Stelle einholen, bevor vollständige Bewerbungsunterlagen versandt werden. Kurzbewerbungen sind in diesem Fall nicht erwünscht, da ausdrücklich auf »aussagekräftige Bewerbungsunterlagen« hingewiesen wird. Ausdrücklich verlangt werden auch die Angaben von Gehaltsvorstellungen und des frühestmöglichen Eintrittstermins.

Unter der Anschrift des Unternehmens ist außerdem die Internetadresse www.export.net aufgeführt – ein Hinweis darauf, dass Bewerber sich dort weitere Informationen beschaffen sollten. Die Bewerbungsmappe ist direkt an Herrn Olaf Schultze in der Personalabteilung zu senden. Ein Anruf, um nähere Informationen über die ausgeschriebene Stelle einzuholen – beispielsweise über wünschenswerte Sprachkenntnisse –, wird sich in diesem Fall lohnen. Wenn ein direkter Ansprechpartner mit Durchwahl angegeben ist, werden Anrufe häufig sogar erwartet. Der Bewerber muss dann allerdings gut vorbereitet sein, um dem Personalverantwortlichen auch wirklich die Ernsthaftigkeit der Bewerbungsabsichten vermitteln zu können. Was Sie dabei beachten müssen, erfahren Sie im nächsten Kapitel.

Sie haben an dem Beispiel gesehen, dass die gründliche Auswertung einer Stellenanzeige zahlreiche Informationen ans Licht bringt, auf die Sie sich anschließend in Ihrer Bewerbungsmappe beziehen können. Werten auch Sie die Stellenanzeigen interessanter Firmen präzise aus. Wir haben für Sie den Fragenkatalog »Stellenanzeigen auswerten« zusammengestellt, der Ihnen dabei hilft.

Stellenanzeigen auswerten

◯ Welchen Eindruck macht die Stellenanzeige auf Sie (dynamisch, modern, international, traditionell)?

◯ Sucht ein Konzern, ein Mittelständler, ein Kleinbetrieb oder der öffentliche Dienst?

◯ Ist Ihnen die Firma schon einmal aufgefallen (Presseberichte, Produkte, Fachmessen)?

◯ Wo ist das Unternehmen noch tätig (Deutschland, Europa, weltweit)?

◯ Welchen Ruf hat das Unternehmen?

◯ Besitzt die Stellenanzeige Aussagekraft, oder ist sie sehr oberflächlich formuliert?

◯ Wird das zukünftige Aufgabenfeld genau umrissen?

◯ Haben Sie die eingeforderten Soft Skills erkannt?

○ Welche Sprach- und EDV-Kenntnisse wünscht man sich von Ihnen?

○ Haben Sie alle Muss-Anforderungen im Blick?

○ Gibt es Kann-Anforderungen mit einem größeren Gestaltungsspielraum?

○ Welcher Berufsabschluss wird eingefordert?

○ Handelt es sich um eine Führungsposition?

○ Ist Berufserfahrung notwendig?

○ Verlangt man von Ihnen Reisetätigkeit?

○ Wird auf Auslandseinsätze hingewiesen?

○ Gibt es Hinweise auf Entwicklungschancen oder Einarbeitungskonzepte?

○ Müssen Sie den frühesten Eintrittstermin aufführen?

○ Will man Ihre Gehaltsvorstellungen erfahren?

○ Ist eine Bewerbungsfrist angegeben?

○ Enthält die Stellenanzeige eine Kennziffer?

○ Gibt es einen persönlichen Ansprechpartner?

→ FORTSETZUNG AUF DER NÄCHSTEN SEITE

○ Wird eine Kurzbewerbung akzeptiert?

....

○ Müssen Sie vollständige Bewerbungsunterlagen zusenden?

....

○ Sind weitere Informationsquellen genannt (Internet)?

4. Wann sollten Sie zum Telefon greifen?

Viele Bewerber fragen sich, ob es sich lohnt, eine Bewerbung telefonisch vorzubereiten. Schließlich hört man oft von Stellensuchenden, dass sie am Telefon abgewimmelt worden sind.

In manchen Stellenanzeigen tauchen gar Formulierungen auf wie »Bitte sehen Sie von telefonischen Nachfragen ab« oder »Wir akzeptieren nur schriftliche Bewerbungen«. Es gibt offenbar Firmen, die nicht wünschen, dass Bewerber anrufen. Zudem ist auch vielen Bewerbern selbst der Einsatz des Telefons im Bewerbungsverfahren nicht ganz geheuer. Sie befürchten, frühzeitig aussortiert zu werden, weil sie sich am Telefon ungeschickt verhalten – nicht ganz zu Unrecht, wenn sie dies schlecht vorbereitet versuchen!

Personalverantwortliche bestätigen uns, dass nur sehr wenige Bewerber anrufen, selbst dann, wenn die Durchwahl eines Ansprechpartners explizit in der Stellenanzeige angegeben wurde. Das ist schade, da es viele Firmen gibt, die Wert darauf legen, dass Kandidaten ihre Bewerbung gut vorbereiten. Und dazu gehört nun einmal auch ein Anruf, um einen Abgleich der eigenen Fähigkeiten mit den Anforderungen der Stelle vorzunehmen.

Die Frage, ob Sie anrufen sollten oder lieber nicht, müssen Sie also differenziert beantworten. Unternehmen ist nicht gleich Unternehmen. Tatsächlich sind gerade in kleineren Firmen, aber auch im öffentlichen Dienst, die Kapazitäten in den Personalabteilungen so gering, dass für die telefonische Beantwortung von Fragen kein Platz ist. Andere Unternehmen integrieren das Telefon sogar in ihre Personalauswahlstrategie: Sie halten Ansprechpartner für Bewerber bereit und rufen zum Teil sogar von sich aus an, um ein telefonisches Interview mit dem Bewerber durchzuführen.

Lernen Sie herauszufiltern, welches Unternehmen dem Telefon einen besonderen Stellenwert im Auswahlverfahren gibt und wo Sie den Anruf besser bleiben lassen. Wenn Sie sich jedoch entscheiden anzurufen, müssen Sie gut vorbereitet sein.

Das sollten Sie sich merken:
Viele Firmen binden heute das Telefon in die Personalauswahl ein. Ganz besonders für Berufe mit Kundenkontakt gilt hier: Wer am Telefon nicht überzeugen kann, ist schon durch den ersten Soft-Skill-Test gefallen.

Wann sich der Anruf lohnt

Wenn Sie den Stellenteil einer Tageszeitung durchblättern, werden Sie in etwa jeder dritten Anzeige einen Ansprechpartner finden, an den Sie sich telefonisch wenden können, meist ist auch gleich die direkte Durchwahl mit aufgeführt. In diesen Fällen ist die Sache eindeutig: Die Firma ist darauf eingestellt, dass sich engagierte Bewerber vorab informieren wollen. Und dieses Engagement ist durchaus erwünscht, denn es geht darum, in einen Dialog einzutreten und abzuwägen, inwiefern sich die Interessen des Bewerbers und diejenigen der Unternehmen decken.

Jedoch nicht immer ist eine Durchwahl angegeben, manche Firmen führen lediglich die Telefonzentrale auf. In diesen Fällen wird also nicht ausdrücklich betont, dass Bewerber anrufen sollen. Aber tun Sie es trotzdem: Verweisen Sie auf die aktuelle Stellenausschreibung und lassen Sie sich mit der Personalabteilung verbinden. Oder fragen Sie in der Zentrale nach dem Ansprechpartner für Bewerbungen und der direkten Durchwahl und rufen dann zu einem späteren Zeitpunkt an.

Bedenken Sie jedoch, dass jeder Kontakt während einer Bewerbung immer auch ein Soft-Skill-Test ist. Deshalb werden die Firmen, die einen Telefonkontakt ermöglichen, Ihr Auftreten am Telefon aufmerksam registrieren. Insbesondere Bewerber für Stellen im Vertrieb, im Verkauf, im Service oder im Marketing sollten auch am Telefon überzeugen können. Wird beispielsweise in der Stellenanzeige ein »kontaktstarker Mitarbeiter« gesucht, wirkt es wenig überzeugend, wenn sich ein Bewerber allzu wortkarg gibt. Auch wer nicht in der Lage ist, ein Gespräch zu strukturieren, seine Fragen zu formulieren und bei Nachfragen des Gesprächspartners auf den Punkt zu kommen, wird es schwer haben. Wer sich dagegen gut präsentiert, hat dem Personalverantwortlichen schon seine Kommunikationsstärke unter Beweis gestellt.

Ein Telefonat wirkt sich auch positiv auf die Prüfung Ihrer schriftlichen Unterlagen aus, denn ein Verweis auf ein vorab geführtes Telefongespräch in der Bezugzeile des Anschreibens wird generell wohlwollend zur Kenntnis genommen. Die Prüfung Ihrer Unterlagen steht dann von Anfang an unter einem guten Stern. Werden dann noch Informationen aus dem Telefonat in das Anschreiben oder in den Lebenslauf eingearbeitet, ist die Vorarbeit perfekt gewesen. Personalverantwortliche wissen dann, dass es sich um eine individuelle und passgenaue Bewerbung handelt.

Beispiel

Eine Bewerberin suchte uns auf, weil sie mit ihren schriftlichen Unterlagen keinen Erfolg hatte. Ihre Bewerbungsmappen kamen nach einiger Zeit wieder zurück und Einladungen zu Vorstellungsgesprächen erhielt sie gar nicht.

Ein erster Blick in ihre Unterlagen zeigte uns schnell, worin die Schwierigkeiten bestanden: Ihre Anschreiben und Lebensläufe waren ohne konkrete Ansprechpartner verfasst und sehr allgemein gehalten. Wir empfahlen ihr, die nächsten Bewerbungen mit Telefonanrufen vorzubereiten. Sofort geriet sie in Panik. Sie hatte Angst davor, am Telefon zu versagen, und betonte immer wieder, dass sie doch gar nicht wüsste, was sie sagen sollte.

Natürlich hatte sie etwas zu sagen und brachte auch ein interessantes Profil mit. Wir übten mit ihr die Darstellung ausgewählter beruflicher Erfahrungen am Telefon. Nach ein paar Übungseinheiten ging ihr die Kurzvorstellung schon problemlos über die Lippen.

Sie beschrieb sich mit diesen Formulierungen: »Ich interessiere mich für die Stelle der Personalsachbearbeiterin. Im Personalbereich verfüge ich über umfassende Berufserfahrung. Auch zurzeit übernehme ich die Personalverwaltung inklusive der Gehaltsabrechnung und der Urlaubsplanung. Bezüglich der gesetzlichen und tariflichen Vorschriften verfüge ich über sehr gute Kenntnisse, die ich auch ständig aktualisiere.«

Der Erfolg ließ nicht lange auf sich warten, denn ihr Kernprofil war für einige Firmen sehr interessant. Sie konnte nun persönlich adressierte Unterlagen verschicken und auf Zusatzinformationen eingehen. Es kam zu Vorstellungsgesprächen, und schließlich unterschrieb sie einen neuen Arbeitsvertrag.

Nutzen auch Sie das Telefon, um ein stärkeres Interesse an Ihrer Bewerbung bei den Firmen zu erzielen. Lassen Sie sich nicht die Chancen entgehen, die sich durch einen telefonischen Vorabkontakt bieten. Zeigen Sie von Anfang an Flagge und präsentieren Sie sich als passgenauer Bewerber, der sich nicht vor persönlicher Überzeugungsarbeit scheut.

Was Sie mit dem Anruf erreichen können

Ganz wichtig bei Ihren Anrufen ist die innere Einstellung. Wenn Sie Ihre Gesprächsziele nicht eindeutig definiert haben und schlecht vorbereitet sind, wird man Ihre Überforderung heraushören. Setzen Sie sich deshalb nicht unter Druck, und machen Sie sich bewusst, welches Ziel Sie überhaupt erreichen wollen. Manövrieren Sie sich also nicht selbst in eine Stresssituation hinein. Halten Sie Ihre Gesprächsziele vor dem eigentlichen Anruf fest. Wer sich unter übermäßigen Erfolgsdruck setzt, wird in der letzten Konsequenz gar nicht mehr anrufen, weil er sich den selbst gestellten Anforderungen nicht gewachsen fühlt.

Überlegen Sie sich deshalb vor dem Gespräch, welchem Zweck Ihr Anruf dient. Je unsicherer Sie sich beim Griff zum Telefonhörer fühlen, desto niedriger sollten Sie Ihre Zielvorgaben hängen. Für manchen ist es schon ein Erfolg, überhaupt angerufen zu haben, um die Stimme des Personalverantwortlichen erst einmal gehört zu haben. Andere scheuen sich nicht, spezielle Fragen zu einzelnen Anforderungen in der Stellenanzeige vorzubringen. Die nachstehende Übersicht »Gesprächsziele« soll Ihnen dabei helfen, Ihre Ziele vor dem Anruf zu definieren.

Gesprächsziele

○ Möchten Sie Ihre Bewerbung an einen konkreten Ansprechpartner schicken?

○ Benötigen Sie einen Verweis auf ein vorab geführtes Telefonat in der Bezugzeile Ihres Anschreibens?

→ FORTSETZUNG AUF DER NÄCHSTEN SEITE

○ Ist Ihnen nicht klar, ob Sie eine Kurzbewerbung oder eine vollständige Bewerbungsmappe versenden sollen?

○ Möchten Sie einen ersten Eindruck von dem Umgangston gewinnen, der in der Firma herrscht?

○ Haben Sie Fragen zum Eintrittstermin?

○ Wollen Sie herausbekommen, in welchem zeitlichen Anteil einzelne Tätigkeiten zueinander stehen?

○ Beabsichtigen Sie, zusätzliche Anforderungen herauszufinden, die nicht in der Stellenanzeige genannt worden sind?

○ Möchten Sie mit einer gelungenen Selbstpräsentation die Weichen auf Erfolg stellen?

Bedenken Sie stets, dass Sie nicht schon in dieser ersten Kontaktaufnahme »durch den Telefonhörer« einen Arbeitsvertrag angeboten bekommen. Das Bewerbungsverfahren verläuft gestuft, und es gilt, auf jeder dieser Stufen die Höchstpunktzahl zu erreichen, um sich dem Ziel – dem neuen Arbeitsplatz – schrittweise zu nähern. Orientieren Sie sich an unserer Profil-Methode®, präsentieren Sie sich der Firma als passgenauer, stärkenorientierter und glaubwürdiger Bewerber. Mit einem Anruf lässt sich ein erster persönlicher Eindruck vermitteln, den Sie dann mit Ihrer Bewerbungsmappe ausbauen können.

5. Wie formulieren Sie ein überzeugendes Anschreiben?

Für die meisten Bewerberinnen und Bewerber ist die Ausformulierung eines Anschreibens ein schwieriges Unterfangen. Viele erzählen uns, wie sie noch nach Stunden brütend über einer leeren Seite Papier saßen. Bereits der erste Satz nach der Anrede ist eine große Hürde. Wie fängt man an? Was muss im Anschreiben thematisiert werden? Und was darf auf keinen Fall erwähnt werden?

In unserer Beratungspraxis gehört die Überprüfung und Verbesserung von Anschreiben mit zu den Hauptaufgaben. Wir stellen hierbei immer wieder fest, dass Bewerbern nicht klar ist, welche Funktion dem Anschreiben überhaupt zukommt. Dass Personalverantwortliche überhaupt ein Anschreiben wünschen, empfinden viele Bewerber als reine Schikane. Wie schön wäre es doch, wenn man bei einer Bewerbung auf das Anschreiben verzichten und einfach ein Datenblatt mit den Stationen der bisherigen Entwicklung verschicken könnte. Hier ist dringend Aufklärung geboten: Werden Sie sich klar darüber, warum die Unternehmensseite von Ihnen ein Anschreiben erwartet.

Neben dieser grundsätzlichen Frage tun sich auch viele sehr schwer damit, ihr individuelles Profil herauszustellen. Wenn man sich zur Vorbereitung nicht mit den eigenen Stärken auseinandersetzt, fehlen natürlich überzeugende Einstellungsargumente, die man im Anschreiben präsentieren könnte. Als Folge davon flüchten sich viele Bewerber in Floskeln und Allgemeinplätze. Damit entwerten sie aber ihr Anschreiben. Wenn ein Anschreiben zu allgemein gehalten ist, passt es überall und damit nirgends. Auf jeden Fall hilft es dem Personalverantwortlichen bei seiner konkreten Entscheidung nicht weiter. Außerdem fällt ein schludrig ausgearbeitetes Anschreiben natürlich sofort negativ auf, weil es das erste Element in der Bewerbungsmappe ist. Die Prüfung der weiteren Unterlagen steht dann von Anfang an unter einem schlechten Stern.

Setzen Sie sich bereits mit Ihrem Anschreiben positiv von Ihren Mitbewerbern ab. Lassen Sie sich nachfolgend von uns erklären, welche Funktion dem Anschreiben zukommt. Vermeiden Sie die häufigsten Fehler, und bauen Sie das Anschreiben formal sauber auf. Für die inhaltliche Ausgestaltung können Sie sich von unseren Beispielformulierungen anregen lassen.

Warum überhaupt ein Anschreiben?

Das Anschreiben ist auf gar keinen Fall ein bloßer Begleitbrief für die mitgesandten Unterlagen. Im Gegenteil: Nicht wenige Personalverantwortliche handeln nach dem Grundsatz »Einen Bewerber muss man schon allein aufgrund seines Anschreibens zum Vorstellungsgespräch einladen können«.

Hintergrund dieses großen Stellenwerts, den viele dem Anschreiben zubilligen, ist die gestiegene Bedeutung der Soft Skills an heutigen Arbeitsplätzen. Denn nur wer kompetent über sich selbst Auskunft geben kann, bringt die Fähigkeit zur Selbstreflexion, sprachliches Ausdrucksvermögen und Einfühlungsvermögen für die Belange anderer mit. Deswegen verlangen Personalverantwortliche von Bewerbern, dass sie etwas über ihre berufliche Eignung für die jeweilige Stelle sagen können. Aus dem Anschreiben sollte also zu erkennen sein, dass sich ein Bewerber intensiv mit den bisherigen Tätigkeiten und seinen beruflichen Stärken auseinandergesetzt hat (Selbstreflexion). Er muss mit den richtigen Worten verständliche Argumente für seine Einstellung liefern (sprachliches Ausdrucksvermögen). Und schließlich muss das Anschreiben auf die ausgeschriebene Stelle zugeschnitten sein und die Fakten liefern, die aus Unternehmenssicht für Personalentscheidungen notwendig sind (Einfühlungsvermögen).

Das Anschreiben ist aus diesem Grund eine Art Gutachten des Bewerbers über seine beruflichen Qualifikationen. Personalprofis versuchen, aus dem Anschreiben herauszulesen, welche Einstellung ein Bewerber zu seinem eigenen Fachwissen und seinen Soft Skills hat, also zu erkennen, wie sich ein Bewerber selbst sieht. Ist das Anschreiben beispielsweise sehr allgemein gehalten, schließen Personalprofis daraus, dass der Bewerber glaubt, nicht mehr zu können als jeder andere Mitbewerber auch.

> **Das sollten Sie sich merken:**
> Personalverantwortliche erwarten, dass sie schon in Ihrem Anschreiben Argumente für Ihre Einstellung finden. Schließlich soll Ihr Anschreiben ein Gutachten in eigener Sache sein.

Personalverantwortlichen geht es im Übrigen auch nicht anders als Ihnen, wenn Sie auf neue Menschen treffen: Aus der Art und Weise, wie sich jemand darstellt, werden Sie schnell folgern, ob Ihnen dieser Mensch sympathisch erscheint und Sie sich weiterhin mit ihm unterhalten möchten. Erwähnt jemand gleich zu Anfang, welche Fehler ihm bislang in seinem Leben unterlaufen sind, werden Sie kein besonders großes Zutrauen zu ihm fassen. Wirft man Ihnen nur knappe Aussagen im Telegrammstil an den Kopf, werden Sie das Gefühl haben, einen verschlossenen Charakter vor sich zu haben. Bei den

Menschen, die Sie mit einem Wortschwall überschütten, suchen Sie bestimmt schnell nach einer Fluchtmöglichkeit, und preist sich jemand über Gebühr selbst an, werden Sie seinen Aussagen sicherlich nur wenig Vertrauen schenken.

Dieselben Schlüsse werden auch Personalverantwortliche ziehen, wenn sie entsprechende Anschreiben von ihnen unbekannten Menschen vor sich haben. Natürlich verlassen sie sich nicht allein auf ein unbestimmtes Gefühl, sondern sind immer auf der Suche nach Hinweisen, aus denen sich die Persönlichkeit des Bewerbers erschließen lässt. Deswegen wird Ihr Anschreiben genau unter die Lupe genommen werden. Der erste Eindruck kann hier entscheidend sein! Gehen Sie daher professionell vor, wenn Sie Ihr Anschreiben verfassen.

Aus unseren Gesprächen mit Personalverantwortlichen wissen wir, dass die Qualität von Bewerbungsanschreiben häufig sehr niedrig ist. Manche beklagen sogar, dass sie vorwiegend die Lebensläufe prüfen, weil aus den Anschreiben sowieso nicht genügend Informationen herauszulesen seien. Wenn Sie also Personalverantwortliche sagen hören, dass der Lebenslauf für sie das Wichtigste an der Bewerbung sei, dann sollten Sie nicht glauben, dass Sie sich deswegen weniger Mühe mit Ihrem Anschreiben geben müssen. Überraschen Sie lieber den enttäuschten Personalverantwortlichen mit einem wirklich guten Anschreiben, das ihm auch tatsächlich Argumente für eine Personalentscheidung liefert. Seine bisherige Enttäuschung wird sich dann in Sympathie für Sie verwandeln: Schließlich sind Sie dann einer der wenigen Bewerber, die ihm die Arbeit leichter gemacht haben.

Die häufigsten Fehler

Personalverantwortliche der unterschiedlichsten Firmen und Branchen, die zum Teil auch unterschiedliche Vorlieben in puncto Bewerbungsverfahren pflegen, kritisieren in der Regel die gleichen Fehler von Bewerbern. Besonders ärgerlich finden die meisten Personalverantwortlichen Schnitzer im Anschreiben, die ein Bewerber mit etwas Sorgfalt hätte vermeiden können. Dazu gehören Flüchtigkeitsfehler gleich im Dutzend, mehrseitige Anschreiben, unlesbare kleine Schriften, womöglich ohne Absätze, Platituden oder Formulierungen im Telegrammstil. Doch nicht nur an der Form hapert es gewaltig. Viele professionelle Leser rechnen ja schon gar nicht mehr damit, einmal ein perfektes und fehlerfreies Anschreiben zu sehen. Teilweise wären Sie schon froh, wenn die Bewerber aufzeigen könnten, warum sie sich gerade für die zu vergebende Stelle besonders interessieren und warum sie denken, den Anforderungen dieser Stelle gerecht zu werden.

Die aus dem Anschreiben so häufig herauszulesende Unkenntnis über die zukünftigen Aufgaben und die mangelhafte Darstellung des eigenen Profils sind natürlich die häufigsten Ablehnungsgründe. Oft sind es aber auch gerade die kleinen Fehler, die ausschlaggebend dafür sind, dass eine Bewerbung ganz schnell wieder aussortiert wird. Schreiben Bewerber die Firmenanschrift falsch (ab), verspürt ein Personalverantwortlicher nur noch wenig Lust, sich überhaupt tiefergehend mit den Unterlagen zu beschäftigen.

Es wird viel zu häufig übersehen, dass dem Anschreiben der Charakter einer ersten Arbeitsprobe zukommt. Aus der Art und Weise, wie ein Bewerber sein Anschreiben erstellt, lesen Personalverantwortliche heraus, wie er in Zukunft an seine Aufgaben herangeht. Mit Schludrigkeit ist schließlich nirgends etwas zu gewinnen! Was würden Sie denken, wenn sich eine Teamassistentin mit einem Anschreiben »empfehlen« möchte, das reihenweise Rechtschreibfehler und Buchstabendreher enthält? Und wie würden Sie einen Marketingmitarbeiter einschätzen, der im Anschreiben nur Phrasen drischt?

Bedenken Sie immer, dass der Mensch, den Sie anschreiben, Sie im Normalfall noch nicht kennt und daher auch nicht wissen kann, was Sie zu leisten vermögen. Ihnen selbst ist sicherlich klar, dass Sie bestimmte berufliche Aufgaben gut im Griff haben. Mit Ihrem Anschreiben müssen Sie es aber schaffen, dies auch dem Personalverantwortlichen zu verdeutlichen. Hüten Sie sich also vor Fehlern im Anschreiben, die Personalverantwortliche zornig machen, sonst haben Sie Ihre Unterlagen schneller zurück, als Ihnen lieb ist. Welche Patzer Personalverantwortliche stören und vor allem welche Schlussfolgerungen sie aus diesen Schnitzern ziehen, finden Sie in der nachfolgenden Infobox »Todsünden im Anschreiben«, die wir aus unseren Gesprächen mit Personalverantwortlichen heraus entwickelt haben.

Todsünden im Anschreiben

Fehler der Bewerber im Anschreiben	Das deuten Personalprofis
Viele Rechtschreibfehler	→ Der Bewerber hat eine schlampige Arbeitsweise.
Ellenlange Sätze	→ Der Bewerber kann Informationen nicht auf den Punkt bringen.
Keine Unterteilung des Anschreibens in Absätze	→ Der Bewerber kann nicht strukturiert denken.
Firmen-E-Mail oder Firmendurchwahl in der Bewerberadresse	→ Der Bewerber lässt sich von seinem Arbeitgeber für Privatangelegenheiten bezahlen.

Fachchinesisch	→ Der Bewerber versteckt sich hinter seiner fachlichen Autorität.
Mehrseitige Anschreiben	→ Der Bewerber kann Wichtiges nicht von Unwichtigem trennen.
Angabe der eigenen Berufsbezeichnung statt der ausgeschriebenen Stelle in der Betreffzeile	→ Der Bewerber hat die Stellenanzeige nicht gelesen.
Zu kleine, unlesbare Schrift	→ Dem Bewerber fehlt die Kundenorientierung.
»Mit Interesse habe ich gelesen, dass Sie einen Mitarbeiter für Ihre Firma suchen.«	→ Der Bewerber stellt Selbstverständlichkeiten als eigene Leistung heraus.
»Da mein Arbeitgeber keinen Wert mehr auf meine Mitarbeit legt, bewerbe ich mich bei Ihnen.«	→ Am liebsten würde der Bewerber bei seiner alten Firma bleiben.
»Am momentanen Arbeitsplatz fühle ich mich unterfordert.«	→ Der Bewerber zeigt nur wenig Eigeninitiative.
»Aus ungekündigter Stelle und ohne jeglichen Druck suche ich die Herausforderung.«	→ Dem Bewerber ist gekündigt worden.
»Ich bin sehr motiviert, lernfähig und durchsetzungsstark.«	→ Der Bewerber liefert Floskeln ohne Inhalt.
»Sie können mich jederzeit anrufen, auch gern in den Abendstunden und am Wochenende, um mit mir einen Termin für ein Vorstellungsgespräch zu vereinbaren.«	→ Der Bewerber steht unter starkem Druck.

→ FORTSETZUNG AUF DER NÄCHSTEN SEITE

Eigenhändige Unterschrift fehlt	→ Es handelt sich um einen Serien-(brief)-Täter.
»Weitere Informationen entnehmen Sie bitte meinen Unterlagen.«	→ Der Bewerber ist sich zu schade für Auskünfte in eigener Sache.

Damit Sie nicht an der Hürde Anschreiben scheitern, zeigen wir Ihnen nun, wie Sie Personalverantwortliche positiv beeindrucken können. Im ersten Schritt geht es darum, die formalen Anforderungen in den Griff zu bekommen. Danach werden wir mit Ihnen daran arbeiten, Ihre Einstellungsargumente in die richtigen Worte zu packen.

Formales im Griff

Bevor Sie sich mit der inhaltlichen Seite von Anschreiben auseinandersetzen, geht es zuerst einmal um die Formalien, denn die besten Argumente nützen nichts, wenn sie unübersichtlich oder fehlerhaft aufbereitet werden. Bereits mit einem flüchtigen Blick auf Ihr Anschreiben sollte jedem Personalprofi klar sein, dass Sie Entscheidungsvorlagen lesefreundlich vorbereiten können und auch die kleinen, aber feinen Details im Blick haben.

Anschreiben beginnen mit dem Absender des Bewerbers. Sie können Ihren Absender konventionell über der Firmenadresse aufführen, eine Kopfzeile gestalten oder ihn rechtsbündig neben die Firmenanschrift stellen. Mit den letzten beiden Varianten verschaffen Sie sich gleichzeitig mehr Platz für den eigentlichen Anschreibentext. In jedem Fall darf Ihre Telefonnummer nicht fehlen, denn auf Unternehmensseite legt man

Wert auf die Möglichkeit der schnellen Kontaktaufnahme. Daher gehört auch die Angabe einer privaten (!) E-Mail-Adresse mittlerweile zum Standard. Geben Sie bitte nie Ihre Durchwahl am Arbeitsplatz oder eine Firmen-E-Mail-Adresse an. Daraus wird man nur den Schluss ziehen, dass Sie sich in Ihrer bezahlten Arbeitszeit auch in Zukunft eher privaten Dingen als den beruflichen Aufgaben widmen werden.

Leider gibt es viele Anschreiben, die bereits in der Firmenanschrift Fehler enthalten: Firmennamen werden falsch geschrieben, oder Rechtsformen werden verwechselt. So wird aus einer GbR fälschlicherweise eine GmbH gemacht, oder aus der GmbH & Co. KG wird plötzlich eine GmbH & Co. AG. Passen Sie auf, dass Ihnen dies nicht passiert, sonst stöhnt der Leser Ihrer Unterlagen bereits auf, bevor er überhaupt zur Prüfung Ihres eigentlichen Textes kommt.

Auch die Abteilung, die sich mit der Prüfung Ihrer Unterlagen beschäftigt, muss im Anschreiben so aufgeführt werden, wie sie in der Stellenanzeige zu finden ist. Schreiben Sie also bitte nicht »Hans Hell AG, Personalabteilung«, wenn es korrekterweise »Hans Hell AG, Abteilung Personal« heißt. Ein weiterer typischer Fehler ist die Verunstaltung des Namens eines in der Anzeige aufgeführten Ansprechpartners. Insbesondere bei schwierigen Nachnamen wie Kravczyk oder Püttjer-Schnierda schleicht sich der Fehlerteufel zu leicht ein. Aber auch eine Frau Teske wird nicht erfreut sein, wenn sie sich als Frau Täske in Ihrem Schreiben wiederfindet. Wenn Sie sich nach einem Telefonat mit der Personalabteilung nicht sicher sind, wie der Name Ihrer Kontaktperson richtig geschrieben wird, sollten Sie lieber noch einmal in der Telefonzentrale der Firma anrufen und sich den Namen buchstabieren lassen.

Vorsicht Falle!
Überprüfen Sie stets, ob Sie Firmennamen, Rechtsform und vor allem Ansprechpartner korrekt geschrieben haben. Die meisten Menschen verstehen keinen Spaß, wenn man ihren Namen falsch schreibt.

Aus der Gestaltung von Betreff- und Bezugzeile ziehen Personalverantwortliche ebenfalls Rückschlüsse. Wer noch die Abkürzungen Betr. oder Bez. verwendet, wirkt damit leider etwas altbacken. Natürlich müssen Sie Ihrem Anschreibentext eine Betreff- und eine Bezugzeile voranstellen, aber Sie sollten nicht die früher üblichen Kürzel benutzen. Schreiben Sie in Ihre Betreffzeile auch nicht einfach »Bewerbung«. Bedenken Sie, dass Kandidaten gefragt sind, die mitdenken und Personalverantwortlichen die Arbeit leichter machen. Besser wäre daher die Angabe »Bewerbung als Teamassistentin« oder »Bewerbung als Außendienstmitarbeiter«. Damit zeigen Sie, dass Sie zu denjenigen Bewerbern gehören, die passgenaue Unterlagen erstellen, und grenzen sich ab von Bewerbern, die immer gleiche Bewerbungsrundschreiben an alle möglichen Firmen verschicken.

In die Bezugzeile gehört die Fundstelle der Stellenanzeige, beispielsweise »Stuttgarter Nachrichten vom 26.06.2010« oder »Jobpilot vom 15. Juli 2010«. Ist in der Stellenausschreibung eine Kennziffer angegeben, sollte diese in der Bezugzeile ebenfalls auftauchen, denn gerade große Unternehmen suchen mit einer Anzeige oft gleichzeitig mehrere Mitarbeiter. Erleichtern Sie den Mitarbeitern in der Personalabteilung durch die Angabe der entsprechenden Kennziffer die Zuordnung Ihrer Bewerbungsunterlagen, beispielsweise so: »Hamburger Abendblatt vom 3. Juli 2010, Kennziffer 123/9-11«.

Besteht ein Anschreibentext aus einem einzigen Block, der dann auch noch in einer viel zu kleinen Schriftgröße verfasst ist, flimmert es nur noch vor den Augen. Achten Sie deshalb darauf, dass Ihr Anschreiben insgesamt lesefreundlich verfasst ist, sich also in mehrere Absätze gliedert. Es bleibt Ihnen überlassen, ob Sie sich für den linksbündigen Flattersatz oder den Blocksatz entscheiden. Beim Blocksatz sollten Sie aber darauf achten, eine Silbentrennung durchzuführen, damit keine zu großen Lücken den Lesefluss stören. Zudem empfehlen wir Ihnen eine Schriftgröße um die 12 Punkt.

Schriftgröße und Schriftart sollten im Anschreiben und im Lebenslauf gleich sein. Ist der Lebenslauf in einer anderen Schrift als das Anschreiben verfasst, schleicht sich sonst schnell der Verdacht ein, dass hier alte Unterlagen recycelt wurden. Man wird Ihnen unterstellen, dass Sie das Anschreiben ein wenig angepasst, aber einen alten Lebenslauf noch einmal benutzt haben. Um diesen Verdacht auszuräumen, sollten Sie auch die gleiche Papiersorte für Anschreiben und Lebenslauf verwenden. Ein Druckerpapier guter Qualität ist durchaus angemessen.

Lange, verschachtelte Sätze im Anschreiben sollten Sie ebenfalls vermeiden. Zeigen Sie, dass Sie gerade bei knapper Platzvorgabe auf den Punkt kommen können. Wesentliche Inhalte lassen sich viel besser erschließen, wenn sie portionsweise präsentiert werden. Deshalb wird Sie ein präziser und informativer Stil weiterbringen. Die einzelnen Absätze sollten thematische Schwerpunkte haben. Wie dies genau geht, erfahren Sie im anschließenden Unterkapitel »Die richtigen Worte finden«.

Häufig lässt die Aufmerksamkeit von Bewerbern am Ende des Anschreibens nach. So taucht dann statt der üblichen Schlussformel »Mit freundlichen Grüßen« ein knappes »MfG« oder die distanzlos wirkende Formel »Mit herzlichen Grüßen«

auf. Beides wirkt in geschäftlicher Korrespondenz jedoch fehl am Platze. Aber auch mit Formulierungen, die aus der Mode gekommen sind, sollte man aufpassen. Ältere Bewerber sollten nicht mit der Schlussformel »Mit freundlichem Gruß« Spekulationen darüber aufkommen lassen, ob sie sich noch auf der Höhe der Zeit befinden.

Dass Ihre Bewerbungsmappe Anlagen enthält, versteht sich eigentlich von selbst, weswegen im Anschreiben auch der knappe Hinweis »Anlagen« genügt. Sie brauchen nicht detailliert aufzuführen, was Sie im Einzelnen beigefügt haben. Zudem wäre sonst der knappe Platz auf Ihrem Anschreiben womöglich schon zu einem Drittel mit der Auflistung Ihrer Anlagen gefüllt!

Ebenso ist mit der Funktion »Serienbrief« Vorsicht geboten. Damit kann der gleiche Standardtext mit wenig Aufwand an viele Firmen versandt werden. Aber mit dieser Vorgehensweise hat sich schon so mancher ein Bein gestellt: Taucht in der Firmenadresse ein anderer Ansprechpartner auf als in der Anrede, fällt dies natürlich negativ auf. Kontrollieren Sie deshalb Ihr Anschreiben vor dem Versand noch einmal gründlich, oder besser: Lassen Sie es von einer Person Ihres Vertrauens gegenlesen.

Die richtigen Worte finden

Wenn es darum geht, die richtigen Worte für das Anschreiben zu finden, geraten alle Bewerber ins Schwitzen. Ob Berufswechsler, Einsteiger oder gestandene Führungskraft: Eigentlich haben alle große Schwierigkeiten damit, sich selbst in Kurzform zu beschreiben. Dies ist nachvollziehbar, denn kaum jemand möchte sich selbst übertrieben anpreisen. Besteht doch immer die Gefahr, dabei über das Ziel hinauszuschießen und dann von Personalverantwortlichen mit dem Etikett »Eigenlob stinkt« versehen aussortiert zu werden. Glücklicherweise gibt es einige Tricks für die sprachliche Ausgestaltung von Anschreiben. Wir werden Ihnen nun erklären, wie Sie auf Ihre beruflichen Stärken im Anschreiben aufmerksam machen können, ohne dabei übertreiben zu müssen.

Die formale Seite von Anschreiben haben Sie bereits kennen gelernt. Damit Sie das Ganze auch »vor Augen haben«, können Sie sich an unseren Positivbeispielen für Anschreiben im anschließenden Kapitel orientieren. Dort sehen Sie, wie Sie Ihre Kontaktdaten, die Firmenanschrift, Tagesdatum, Betreff- und Bezugzeile, Begrüßungsformel und Schlussformel auf dem Anschreiben aufführen können. Jetzt geht es »nur« noch um die Frage, wie der eigentliche Anschreibentext zwischen Anrede und Schlussformel mit passenden und aussagekräftigen Worten ausgefüllt werden soll.

Hier hilft der Rückgriff auf die moderne Kommunikationspsychologie weiter: Psychologen haben erforscht und dokumentiert, wie man in kürzester Zeit die Sympathie seiner Zuhörer, oder auch Leser, gewinnen kann. Aus diesen Erkenntnissen der Kommunikationspsychologie haben wir in unserer Beratungspraxis Grundregeln für die Ausformulierung von Anschreiben entwickelt, die wir schon tausendfach in der Praxis erprobt haben und die auch Ihrem Anschreiben zum gewünschten Erfolg verhelfen werden. Die Erfolgsregeln lauten:

→ *Regel 1:* **Wunschposition im Blick haben**
→ *Regel 2:* **Individuelles Profil vermitteln**
→ *Regel 3:* **Beispiele für Soft Skills geben**
→ *Regel 4:* **Beschreiben statt bewerten**
→ *Regel 5:* **Schlüsselbegriffe aus dem Tagesgeschäft verwenden**

Wunschposition im Blick haben

Personalverantwortliche kritisieren besonders, dass in vielen Anschreiben überhaupt nicht auf die speziellen Anforderungen der zu vergebenden Stelle eingegangen wird. Deshalb müssen Sie in Ihren Anschreiben verdeutlichen, dass Sie die Stellenausschreibung gründlich gelesen haben und dass Sie Verknüpfungen zwischen den einzelnen Anforderungen und Ihrem beruflichen Profil herstellen können.

Welche Informationen Sie aus Stellenausschreibungen herausfiltern können, haben wir Ihnen im Kapitel »Was verraten Ihnen Stellenanzeigen?« bereits erläutert. Sie wissen, dass Sie in Anzeigen üblicherweise Informationen über das Unternehmen, über die zukünftigen Aufgaben, über die Voraussetzungen des Bewerbers und Kontaktdaten genannt bekommen. Es reicht aber nicht aus, dass Sie wissen, was der Firma wichtig ist und welche speziellen Wünsche sie an den neuen Mitarbeiter hat. Im Anschreiben muss auch herauszulesen sein, dass Sie die Vorgaben verstanden haben.

Schreibt eine Buchhalterin beispielsweise »Ich interessiere mich sehr für eine Arbeit als Buchhalterin in Ihrer Firma und könnte mir gut vorstellen, bei Ihnen in der Buchhaltung zu arbeiten. Außerdem habe ich viel Erfahrung in Fragen der Buchhaltung« ist dies viel zu oberflächlich. Sätze wie diese passen auf jede Bewerberin gleich gut, also eigentlich gleich schlecht. Besser wäre es, beispielhaft ausgewählte Anforderungen zu belegen, dies gelänge so: »Ich arbeite seit mehreren Jahren als Buchhalterin in einem mittelständischen Unternehmen der Pharmabranche. Schwerpunktmäßig bin ich für die Debitorenbuchhaltung zuständig. Zu meinen Aufgaben gehört die Kundenkontaktpflege, das gesamte Mahnwesen und das Reporting.«

Stellen Sie deshalb die Aufgaben in Ihrer momentanen Stelle so dar, dass sich ein Bezug zur Wunschposition ergibt, und sorgen Sie auf diese Weise dafür, dass Sie sich mit Ihrem Anschreiben von der Masse der oberflächlichen Vielbewerber abheben.

Individuelles Profil vermitteln

Ohne ein individuelles Profil geht heutzutage bei einer Bewerbung gar nichts mehr – nicht umsonst haben wir die Profil-Methode® als Bewerbungsstrategie entwickelt. Aber Ihr Profil muss im Anschreiben auch erkennbar werden. Aus unserer Beratungstätigkeit wissen wir, dass dies vorrangig ein Problem der Darstellung ist. Denn ob spezielle Branchenerfahrung, umfangreiches Computerwissen, praxiserprobte Sprachkenntnisse, besondere Fähigkeiten im Umgang mit Kunden, Ausdauer bei der Lösung kniffliger technischer Fragen oder Talent bei der Schulung von Kollegen: Jeder und jede hat etwas Besonderes zu bieten.

Dies wird aber nicht deutlich, wenn im Anschreiben Sätze stehen wie »Ich möchte bei Ihnen im Marketing arbeiten, weil mich dieser Bereich schon immer gereizt hat«. Im Anschreiben ist mehr Substanz gefragt. Ihre Begeisterung für das eigene Berufsfeld wird auch Personalverantwortliche begeistern. Ein individuelles Profil wird eher so deutlich: »Als Marketingassistent habe ich mehrere Markteinführungen von Werkzeugmaschinen betreut. Besonders begeistert hat mich die Ausgestaltung des Point-of-Sale. Für Fachmärkte und Handelsketten haben wir spezielle Verkaufsdisplays anfertigen lassen, was sich auch positiv im Umsatz bemerkbar gemacht hat.«

Überlegen Sie sich deshalb, in welcher Weise und auf welchen Gebieten Sie sich von anderen Bewerbern unterscheiden, und arbeiten Sie dies im Anschreiben heraus. Vermeiden Sie in Ihren Anschreiben die Todsünde der Profillosigkeit.

Beispiele für Soft Skills geben

Dass Soft Skills im Berufsalltag einen hohen Stellenwert haben, sollte Ihnen mittlerweile bewusst geworden sein. Deshalb müssen Sie sich schon im Anschreiben so darstellen, dass die vom neuen Arbeitgeber gewünschten Soft Skills sichtbar werden.

Hier helfen jedoch abstrakte Selbstbeschreibungen nicht weiter. Sätze wie »Ich bin flexibel, motiviert und immer auf der Suche nach der neuen Herausforderung« oder »Man lobt immer wieder meine Kontaktfreude« sind Nullaussagen. Denn unter diesen Leerfloskeln kann man sich alles und nichts vorstellen. Machen Sie stattdessen Ihre Soft Skills an Beispielen fest. Dies gelingt Ihnen, indem Sie berufliche Situationen skizzieren, in denen Sie die entsprechenden persönlichen Fähigkeiten konkret eingesetzt haben.

Wird in der Anzeige eine »dynamische Mitarbeiterin« gesucht, reicht es nicht aus zu formulieren »Ich bin dynamisch und engagiert«. Besser, weil aussagekräftiger, wäre: »Als Mitarbeiterin in der Produktentwicklung bin ich das Bindeglied zwischen den einzelnen Abteilungen. Meine Aufgabe besteht darin, die jeweiligen Vorschläge im vorgegebenen Zeitrahmen in realisierbare Konzepte umzusetzen und die vereinbarten Zielsetzungen regelmäßig zu überprüfen.« Hören Personalverantwortliche derart konkrete Selbstbeschreibungen, stellt sich vor ihrem inneren Auge automatisch das Bild einer zupackenden, dynamischen Mitarbeiterin ein.

Gewöhnen Sie sich deshalb an, mit Hinweisen auf praktische Berufserfahrungen zu arbeiten, wenn Sie Ihre Soft Skills belegen möchten. Diese Art zu überzeugen bringt Sie sowohl im schriftlichen Bewerbungsverfahren als auch in anschließenden Vorstellungsgesprächen zum Ziel.

Beschreiben statt bewerten

Wer mag schon vermeintliche Supermänner, die bei jeder passenden und unpassenden Gelegenheit betonen, dass ohne sie der ganze Laden schon längst zusammengebrochen wäre? Personalverantwortliche jedenfalls nicht. Deshalb dürfen Selbstbeweihräucherungen wie »Hören Sie auf zu suchen, Sie finden keinen besseren!« oder »Greifen Sie zu, bevor es andere tun!« auf keinen Fall verwendet werden. Im Bewerbungsverfahren katapultiert man sich damit ins Aus, denn der Personalverantwortliche wird dann automatisch in die Rolle des Skeptikers gedrängt, der nur noch nach Argumenten und Widersprüchen sucht, die gegen den »Alleskönner« sprechen. Ist aber zwischen Bewerber und Personalverantwortlichen erst einmal Kampfstimmung entstanden, sieht es schlecht aus – und zwar für den Bewerber!

Nicht nur auf Bewerber der Kategorie Marktschreier reagieren Personalverantwortliche allergisch. Gefürchtet ist auch das andere Extrem: Menschen, die den Mund nicht aufbekommen und den Eindruck vermitteln, eine graue Maus zu sein. Unterwürfiges Anbiedern im Stile von »Sicherlich sind Ihre Ansprüche höher als mein Können, aber ich würde mich freuen, wenn Sie mir dennoch eine Chance geben würden« führt genauso ins Aus. Wenn nicht einmal der Bewerber an sich glaubt, wer dann?

Die goldene Regel der Kommunikation im Bewerbungsverfahren lautet daher »Beschreiben, aber nicht bewerten«. Dies gelingt Ihnen, indem Sie neutrale Formulierungen einsetzen wie »Ich habe ... gemacht« oder »Zu meinen Tätigkeitsbereichen gehören ...«. Der Vorteil beschreibender Behauptungen liegt darin, dass Sie dem Leser Informationen liefern, ihn aber nicht unabsichtlich zum Widerspruch herausfordern und damit in eine Konfrontationshaltung hineintreiben. Auf diese Weise kann er sich unbelastet ein (positives) Urteil über Sie bilden.

Aus unseren Bewerbungstrainings und Einzelberatungen wissen wir, dass ein wenig Übung nötig ist, um sich an einen beschreibenden Stil zu gewöhnen. Das Training in Sachen Selbstdarstellung hilft Ihnen über das Bewerbungsverfahren hinaus, in Ihrem beruflichen Umfeld Akzeptanz und Sympathie zu gewinnen. In der nachfolgenden Übersicht »So beschreiben Sie Ihr Können« haben wir Ihnen neutrale und beschreibende Formulierungen zusammengestellt. Setzen Sie einfach Ihre speziellen Kenntnisse und Erfahrungen ein, und trainieren Sie diese Sätze. Dadurch wird Ihre Selbstbeschreibung glaubwürdiger.

So beschreiben Sie Ihr Können

→ »Ich habe mich schwerpunktmäßig mit ... und ... beschäftigt.«
→ »In meiner Tätigkeit als ... war ich überwiegend für ... und ... zuständig.«
→ »Verantwortlich war ich für ... und ...«
→ »Bei meinem vorletzten Arbeitgeber habe ich mich auch intensiv mit ... auseinandergesetzt.«
→ »Zusätzlich bin ich auch mit den Aufgaben eines ... betraut worden.«
→ »In einer Weiterbildung habe ich meine Kenntnisse im Bereich ... aufgefrischt.«
→ »Durch meine Erfolge in den Bereichen ... und ... konnte ich zum ... aufsteigen.«
→ »Ich verfüge über Computerkenntnisse in den Programmen ..., ... und ...«
→ »Am Projekt ... habe ich mitgearbeitet.«
→ »In einer meiner Sonderaufgaben war ich mit der Umsetzung von Maßnahmen im Bereich ... betraut.«

→ »Ich habe ... und ... organisiert.«

→ »Meine besonderen Erfahrungen liegen in den drei Bereichen ..., ... und ...«

→ »Im Rahmen einer Kollegenvertretung habe ich auch die Bereiche ... und ... kennen gelernt.«

Schlüsselbegriffe aus dem Tagesgeschäft verwenden

Wenn Ihnen bei der obigen Aufzählung nicht auf Anhieb genügend Arbeitsbereiche eingefallen sind, mit denen Sie die Lücken füllen konnten, so ist dies kein Wunder. Denn häufig sind wir mit den Dingen, die wir täglich erledigen, so vertraut, dass wir sie kaum in Worte fassen können. Begeben Sie sich also auf die Suche nach Schlüsselbegriffen aus dem Tagesgeschäft, um Ihre beruflichen Erfahrungen im Anschreiben stichwortartig aufblitzen zu lassen.

Schlüsselbegriffe sind Wörter mit besonders hohem Informationsgehalt. Wer sein Profil mit Schlüsselbegriffen und Schlagwörtern aus der jeweiligen Branche beschreibt, liefert in kurzer Zeit eine prägnante und aussagekräftige Selbstdarstellung. Für einen Vertriebsexperten reicht es also nicht aus zu schreiben: »Ich kenne den Vertrieb. Da ich schon so viele verschiedene Produkte an den Mann gebracht habe, werde ich auch Ihre Software verkaufen können.« Besser, weil informativer wäre die Variante: »Bei meinem momentanen Arbeitgeber habe ich Maßnahmen der Verkaufsförderung entwickelt, neue Produktreihen auf Messen und Fachkongressen vorgestellt und Events zur Kundenansprache organisiert.« Die hierin verwendeten Schlüsselbegriffe »Verkaufsförderung«, »Produktreihen vorgestellt«, »Kundenansprache« und »Events organisiert« werden Personalverantwortliche beeindrucken. Wer in Kürze verdeutlichen kann, dass er sich bereits in der Vergangenheit mit den Dingen beschäftigt hat, die auch in der neuen Stelle gefragt sind, wird sich durchsetzen.

Suchen auch Sie die für Ihren Arbeitsbereich geeigneten Schlüsselbegriffe und Schlagwörter heraus. Um genügend Formulierungen für Ihr Anschreiben zu finden, können Sie sich an Stellenanzeigen orientieren, in Ihre Arbeitszeugnisse schauen und Arbeitsverträge oder interne Arbeitsplatzbeschreibungen zur Hand nehmen. Vergessen Sie auch nicht, Sonderaufgaben und zusätzliche Projekte zu erwähnen, die für die neue Firma von Interesse sein könnten.

Verwenden Sie die von uns vorgestellten Überzeugungsregeln für Ihr Anschreiben. Überzeugt Ihr Anschreiben inhaltlich, wird man Ihnen notfalls auch den einen oder anderen formalen Schnitzer nachsehen. Präsentieren Sie Ihr Können so, dass Personalverantwortliche nachvollziehen können, was das Besondere an Ihnen ist!

6. Gelungene Beispielanschreiben

Nachdem wir Ihnen erläutert haben, welche Fehler Bewerberinnen und Bewerbern beim Ausformulieren von Anschreiben unterlaufen, richten wir den Blick nun auf die Praxis. Auf den folgenden Seiten stellen wir Ihnen gelungene Versionen vor, mit denen unsere Kunden ihren Wunscharbeitsplatz bekommen haben.

Lassen Sie sich von den Beispielen und Mustern anregen. Ihnen wird beim Lesen deutlich werden, wie diese Bewerber mit einer gründlichen Vorbereitung und einer sorgfältigen Erstellung von Anschreiben bei den Firmen punkten konnten.

Machen Sie es ebenso wie diese erfolgreichen Bewerber. Verdeutlichen Sie bereits mit Ihrem Anschreiben, dass Sie künftige Arbeitsaufgaben genauso systematisch und ergebnisorientiert angehen werden.

Sie werden für die Firmenseite interessant, indem Sie einige Highlights aus Ihren bisherigen beruflichen Erfahrungen schildern, praktische Beispiele einfließen lassen und Ihre Informationen strukturiert aufbereiten. Überzeugt Ihr Lebenslauf dann noch gleichermaßen, werden die Firmen Sie gerne zum Vorstellungsgespräch einladen.

Es sind viele einzelne Fehler, die in der Summe dazu führen, dass Personalprofis einen Bewerber ablehnen. Ein einzelner Rechtschreibfehler wird nicht direkt zur Absage führen, häufen sich allerdings formale Fehler, dann ist die Entscheidung schnell getroffen. Genauso sieht es mit der inhaltlichen Seite aus: Nicht jeder Satz im Anschreibentext muss brillant ausformuliert sein. Kann ein Bewerber jedoch im gesamten Anschreiben keine vernünftigen Argumente liefern, warum man gerade ihn einstellen sollte, so wandert seine Bewerbung schnell auf den Stapel der Absagen.

Lassen Sie sich in unseren Positivbeispielen auf den folgenden Seiten zeigen, wie man mit einer guten Vorbereitung und sorgfältigen Erstellung des Anschreibens überzeugen kann!

Beispielanschreiben 1

Ute Palmer, Rheinstraße 14, 14513 Teltow
Tel. 03328 / 23 32 243, E-Mail: ute.palmer@t-online.de

Handelsgesellschaft & Co. KG
Herrn Voigt, Personalabteilung
Hamburger Straße 244–248
20234 Hamburg

Teltow, 24.08.2010

Bewerbung als Teamassistentin Marketing/PR
Hamburger Abendblatt vom 21.08.2010 und unser Telefonat vom
23.08.2010

Sehr geehrter Herr Voigt,

vielen Dank für das informative Telefongespräch. Hier sind die gewünschten Angaben zu meiner beruflichen Qualifikation.

In den Bereichen Marketing und PR verfüge ich über langjährige Berufserfahrung. Die Steuerung von Druckaufträgen ist mir ebenso vertraut wie die Organisation von Pressereisen und die Planung und Koordination von Terminen und Meetings. Presseverteiler habe ich eigenständig aufgebaut und gepflegt. Zu meiner täglichen Arbeit gehörten auch gängige Sekretariatsaufgaben.

Momentan arbeite ich für die Verlagshaus GmbH in Lübeck in der Marketingabteilung. Meine Hauptaufgaben bestehen in der Projektverfolgung bei Druckaufträgen, der Organisation der Zusammenarbeit mit externen Dienstleistern wie Redaktionsbüros und Grafikagenturen. Im PR-Bereich betreue ich redaktionell eine quartalsweise erscheinende

→ FORTSETZUNG AUF DER NÄCHSTEN SEITE

Kundenzeitschrift. Daneben übernehme ich die Korrespondenz in Deutsch und Englisch.

Nach einer Ausbildung zur Bürokauffrau habe ich als Assistentin des Bereichsleiters bei der Generalversicherung gearbeitet. Dort war ich für die Terminkoordination und die Reiseorganisation zuständig. Danach war ich als Pressereferentin für die TeleSales AG tätig, für die ich zielgruppenorientierte Presseverteiler aufgebaut und Medienkontakte gestaltet habe.

Neben sehr gutem Englisch spreche ich auch etwas Polnisch. Über die Einladung zu einem Vorstellungsgespräch würde ich mich sehr freuen.

Mit freundlichen Grüßen

Ute Palmer

Frau Palmer liefert ein überzeugendes Anschreiben. Ihre Kontaktdaten sind vollständig, nicht nur eine Telefonnummer, sondern auch eine private E-Mail-Adresse ist angegeben, ebenso sind Firmenanschrift sowie die Abteilungsbezeichnung korrekt. In der Bezugzeile führt sie »Bewerbung als Teamassistentin Marketing/PR« auf, wie es in der Stellenanzeige lautete. Es lässt sich auch ersehen, wo die Bewerberin die Anzeige gefunden hat, nämlich im »Hamburger Abendblatt vom 21.08.2010«.

Frau Palmer hat ihre Bewerbung mit einem Telefonanruf vorbereitet. Dadurch ist ein persönlicher Kontakt mit dem Personalverantwortlichen hergestellt, an den sie auch ihre Unterlagen adressiert. Das »Telefonat vom 23.08.2010« gibt sie in der Bezugzeile an. Der Personalverantwortliche, Herr Voigt, wird sich an diese Bewerberin noch erinnern und wohlwollend registrieren, dass die Unterlagen von Frau Palmer zielgerichtet und passgenau aufbereitet sind.

Auch im eigentlichen Anschreibentext verfolgt Frau Palmer eine vorteilhafte Bewerbungsstrategie. Sie rückt nicht die tatsächlichen Wechselgründe (nämlich die wirtschaftlichen Schwierigkeiten des Arbeitgebers und Spannungen am momentanen Arbeitsplatz) in den Vordergrund, sondern argumentiert stattdessen von der neuen Stelle her. Die Bewerberin benennt ganz konkret die beruflichen Erfahrungen, die es ihr erlauben, die ausgeschriebene Stelle auszufüllen. Wichtige Schlagwörter wie »Steuerung von Druckaufträgen«, »Organisation von Pressereisen«, »Planung und Koordination von Terminen und Meetings« und »Sekretariatsaufgaben« fallen. So wird sofort deutlich, dass sich diese Bewerberin mit den Anforderungen im Tagesgeschäft bestens auskennt. Sie wird wohl keine Schwierigkeiten damit haben, die neue Stelle kompetent auszufüllen.

Im nächsten Absatz ihres Anschreibens beschreibt Frau Palmer ihre momentane Tätigkeit. Damit unterlegt sie die von ihr am Anfang angeführte »langjährige Berufserfahrung in den Bereichen Marketing und PR« mit konkreten Angaben aus ihrer Berufspraxis. Der Personalverantwortliche kann eine Vorstellung davon gewinnen, womit sich die Bewerberin auskennt. Auch im Bereich Soft Skills macht sie konkrete Angaben, statt Leerfloskeln zu benutzen. Frau Palmer lässt ihre persönlichen Fähigkeiten anhand von Praxisbeispielen zum Vorschein kommen: Die »Zusammenarbeit mit externen Dienstleistern« lässt den Personalprofi auf Verhandlungsgeschick und Teamfähigkeit schließen. Und die »Korrespondenz in Deutsch und Englisch« ist ein Hinweis auf die kommunikativen Fähigkeiten der Bewerberin.

Ihre berufliche Entwicklung skizziert Frau Palmer knapp, aber aussagekräftig. Vor allem stellt sie bei ihren früheren Arbeitgebern jeweils diejenigen Tätigkeiten heraus, die auch für die neue Stelle von Belang sind. Deshalb springen weitere wichtige Schlagwörter wie »Terminkoordination«, »Reiseorganisation«, »zielgruppenorientierte Presseverteiler« und »Medienkontakte« dem Leser förmlich ins Auge. Zum Abschluss erwähnt Frau Palmer noch wichtige Zusatzqualifikationen, indem sie ihre EDV- und Sprachkenntnisse konkret benennt.

Glückwunsch! Hält der Lebenslauf die Qualität des Anschreibens, wird einer Einladung zum Vorstellungsgespräch nichts mehr im Wege stehen.

Beispielanschreiben 2

Günther Ode
Halbergstr. 82
66121 Saarbrücken
Tel. 0681 / 234 56 78
mobil 0173 / 111 22 11

Metallbearbeitung GmbH
Personalbereich: Frau Wenning
Napoleonplatz 1A
60113 Saarbrücken

Saarbrücken, 29.06.2010

**Bewerbung als Techniker Maschinenbau für
das technische Büro**
Saarbrücker Nachrichten vom 26.06.2010

Sehr geehrte Frau Wenning,

im Maschinenbau verfüge ich als Techniker über dreijährige Berufserfahrung. Die eigenständige Bearbeitung von Angeboten und Bestellungen gehört auch jetzt schon zu meinen Aufgaben. Mit Maßnahmen zur Kostenoptimierung im Lager habe ich mich intensiv beschäftigt.

Zurzeit arbeite ich für die Maschinenfabrik GmbH & Co. KG im elektrotechnischen Büro. Neben der Angebotsbearbeitung und Ausfertigung von Bestellungen erstelle ich Stücklisten und leiste den Kundenservice am Telefon sowie vor Ort. Auch die Anfertigung von Elektroplänen und SPS-Programmen gehört zu meinen Aufgaben. Als Sonderaufgabe habe ich die kostenoptimierte Auswahl und Pflege von Ersatzteilen entwickelt und umgesetzt.

→ FORTSETZUNG AUF DER NÄCHSTEN SEITE

Vor meiner Fortbildung zum Techniker war ich in der Endmontage von Kunststoffbearbeitungsmaschinen tätig. Ich habe Maschinen in Betrieb genommen und Kundenschulungen durchgeführt. Die Softwaresprache Siemens Step5 beherrsche ich sicher. SAP R/3-Kenntnisse bringe ich ebenfalls mit.

Für ein Vorstellungsgespräch stehe ich Ihnen gerne zur Verfügung.

Mit freundlichen Grüßen

Günther Ode

Auch Herr Ode sorgt bereits mit seinem Anschreiben für positive Aufmerksamkeit. Er hat seine Privat- und seine Handynummer aufgeführt und sorgt damit für schnelle Erreichbarkeit.

Die Firmenanschrift ist sorgfältig der Stellenanzeige entnommen. Der zuständige »Personalbereich« wird ebenso genannt wie die Ansprechpartnerin »Frau Wenning«, deren Namen richtig geschrieben ist. In der Betreffzeile ist die genaue Stellenbezeichnung mit der richtigen Einordnung als »Techniker Maschinenbau« aufgeführt. Auch die Fundstelle der Anzeige und das Erscheinungsdatum, »Saarbrücker Nachrichten vom 26.06.2010«, werden in der Bezugzeile angegeben. Die Formalien sind korrekt erfüllt, und die Durchsicht des weiteren Anschreibentextes steht damit unter einem guten Stern.

Seine inhaltlichen Ausführungen leitet Herr Ode mit einer Kurzzusammenfassung seines Profils ein. Dabei behält er die Stellenanzeige im Blick, indem er die beruflichen Erfahrungen nach vorne stellt, die für die neue Stelle wichtig sind. So verweist er auf seine »dreijährige Berufserfahrung«, »die eigenständige Bearbeitung von Angeboten und Bestellungen« sowie die Beschäftigung mit »Maßnahmen zur Kostenoptimierung«. Herr Ode berücksichtigt damit, dass die Entscheider für die Überprüfung von Bewerbungsunterlagen üblicherweise nur wenig Zeit zur Verfügung haben. Indem er gleich zu Anfang seines Anschreibens Argumente für eine Einstellung liefert, erzielt er positive Aufmerksamkeit. Die Personalreferentin wird nach diesem gelungenen Einstieg aufmerksam weiterlesen.

Es folgt die Darstellung der momentanen Aufgaben. Präzise benennt Herr Ode sowohl die wesentlichen Tätigkeiten im Tagesgeschäft als auch eine von ihm wahrgenommene Sonderaufgabe. Aus der Darstellung seiner Aufgaben kann die Personalverantwortliche nicht nur seine fachlichen Kenntnisse wie »Angebotsbearbeitung«, »Stücklistenerstellung« und »SPS-Programmierung« herauslesen. Sie erkennt auch die zur Bewältigung der Aufgaben notwendigen Soft Skills: Aus der Angabe »leiste den Kundenservice am Telefon sowie vor Ort« kann man beispielsweise seine Kundenorientierung herauslesen. Mit der »kostenoptimierten Auswahl und Pflege von Ersatzteilen« als Sonderaufgabe lässt Herr Ode auch das von Unternehmensseite sehr hoch geschätzte unternehmerische Denken aufblitzen. Die gute Darstellung der umfassenden Aufgaben macht den Leistungswillen und die Dynamik von Herrn Ode viel besser deutlich, als es eine bloße Behauptung könnte.

Bei der Beschreibung der beruflichen Entwicklung fasst sich Herr Ode sehr kurz. Dies ist auch in Ordnung, da die momentanen Aufgaben viel mehr Überschneidungen mit der offenen Stelle bieten. Auf Selbstanklagen verzichtet der Bewerber: Statt auszuführen was er nicht kann, beendet er sein Anschreiben mit besonderen EDV-Kenntnissen, konkret benennt er die Programme »Siemens Step5« und »SAP R/3«. Insgesamt ist dies ein aussagekräftiges Anschreiben, welches das besondere Profil des Bewerbers deutlich macht. Mit dieser Passgenauigkeit, Stärkenorientierung und mit glaubwürdigen Beispielen kann sich Herr Ode deutlich von seinen Mitbewerbern absetzen. Eine Einladung zum Vorstellungsgespräch wird garantiert erfolgen.

Beispielanschreiben 3

Caroline Witt, Schillerstraße 68, 38126 Braunschweig
Tel. 0531 / 43 44 56, e-mail: witt@t-online.de

Stiftung Kultur
Herr Franke
Weißenhäuser Platz 1
38002 Braunschweig

Braunschweig, 16. Februar 2010

Bewerbung als Referentin Öffentlichkeitsarbeit
Braunschweiger Zeitung vom 13. Februar 2010 und unser Telefonat
von heute

Sehr geehrter Herr Franke,

über Ihr Interesse an meiner Bewerbung habe ich mich sehr gefreut. Wie
wir telefonisch besprochen haben, verfüge ich sowohl über journalistische wie auch über redaktionelle Berufspraxis. Neben Tätigkeiten für
Printmedien im Inland habe ich mich während eines USA-Aufenthaltes in
das Internet-Publishing eingearbeitet.

Bei der Bartelsmann Medien AG habe ich Projekte in der internen und
externen Kommunikation begleitet. Dazu gehörte die mediale Aufbereitung der Hausmitteilungen sowie die Medien- und Zielgruppenanalyse
für ausgewählte Zeitschriften des Unternehmens. Während meines Stu-
diums habe ich auch in der Lokalredaktion einer Tageszeitung gearbeitet
und aktiv Beiträge recherchiert.

An der Akademie für Journalismus in Köln habe ich gute Kenntnisse im
Desktop-Publishing erworben und PR-Konzepte für Funk und Fernsehen

→ FORTSETZUNG AUF DER NÄCHSTEN SEITE

entwickelt. Meine beruflichen Erfahrungen habe ich in meine Diplomarbeit einbringen können. Dort habe ich Ansätze zur Professionalisierung der Öffentlichkeitsarbeit im Non-Profit-Sektor begutachtet und ein eigenes Konzept entworfen. Aus meinem Studium der Politologie und dem Nebenfach Journalistik bringe ich gute Kenntnisse im Stiftungswesen mit. Ich spreche verhandlungssicher Englisch und gut Französisch.

Über die Einladung zu einem persönlichen Gespräch würde ich mich freuen.

Mit freundlichen Grüßen

Caroline Witt

Anlagen

Erste Bonuspunkte erarbeitet sich Frau Witt bei dem angeschriebenen Personalverantwortlichen durch ihre sorgfältige Detailarbeit. Die Zuordnung des Anschreibens zur ausgeschriebenen Stelle wird durch die Angabe »Bewerbung als Referentin Öffentlichkeitsarbeit« in der Betreffzeile erleichtert. Auch der Verweis auf die Fundstelle und ein vorab geführtes Telefonat in der Bezugzeile machen die gute Vorarbeit der Kandidatin deutlich. Das Anschreiben ist leserfreundlich in mehrere Absätze gegliedert, wodurch die Prüfung erleichtert wird.

Frau Witt hat sich mit den Anforderungen am neuen Arbeitsplatz auseinandergesetzt. Es werden keine Nullaussagen geliefert, sondern konkrete Argumente genannt. Die Bewerberin beschreibt anschaulich, womit sie sich im Einzelnen beschäftigt hat. Sie verfügt über »journalistische wie auch über redaktionelle Berufspraxis«, hat »Hausmitteilungen medial aufbereitet«, und sich mit der »Professionalisierung der Öffentlichkeitsarbeit im Non-Profit-Sektor« beschäftigt. Als Zusatzpunkt stellt sie ihre Kenntnisse im Stiftungswesen heraus. Damit schafft sie es, sich als grundsätzlich geeignete Bewerberin zu empfehlen.

Neben dem Studium der Politologie hat sich die Bewerberin aktiv um die Erschließung des von ihr angestrebten Berufsfeldes PR/Öffentlichkeitsarbeit/Journalismus gekümmert. Sie hat sich »während eines USA-Aufenthaltes das Internet-Publishing« erschlossen, in einem Praktikum »interne Unternehmenskommunikation« kennen gelernt, sich um geeignete Weiterbildung an der Akademie für Journalismus gekümmert und journalistische Recherchen selbstständig betrieben.

Fazit: Die Überschneidungen zwischen den bisherigen Erfahrungen und den zukünftigen Aufgaben sind gut herausgearbeitet und klar zu erkennen. Mit dieser Absolventin möchte man gerne ins (Vorstellungs-)Gespräch kommen.

Beispielanschreiben 4

Erik Miegel, Essener Landstraße 22, 44139 Dortmund
E-mail: Erik.Miegel@t-online.de, Tel. 0231 – 55 67 87,
mobil: 0171 – 767 67 67

Modevertrieb GmbH & Co. KG
Personalbüro: Herrn Heinrich Mauritz
Ringstraße 4
45219 Essen

Dortmund, 12.03.2010

Bewerbung als Trainee
Ihre Stellenanzeige in der WAZ vom 06.03.2010 und unser Telefongespräch

Sehr geehrter Herr Mauritz,

wie vereinbart übersende ich Ihnen meine ausführlichen Bewerbungsunterlagen. Im Handel konnte ich bereits erste berufliche Erfahrungen sammeln.

Bei der Shoppingcenter AG war ich an einem Projekt zur Steigerung der
Kundenzufriedenheit beteiligt. Neben Marketingaspekten umfasste
diese Aufgabe auch die Optimierung von logistischen Abläufen. Da ich
bereits studienbegleitend in der Filiale Dortmund der Shoppingcenter AG
als Verkäufer gearbeitet hatte, konnte ich konkrete Erfahrungen in der
Kundenbetreuung und der Reklamationsbearbeitung einbringen.

In meinem Studium der Volkswirtschaft habe ich im Hauptstudium besonders die betriebswirtschaftlichen Schwerpunkte Handelbetriebslehre
und Unternehmensführung vertieft. Meine Kenntnisse aus dem Studium

→ FORTSETZUNG AUF DER NÄCHSTEN SEITE

konnte ich in einem Praktikum in der Lifestyle GmbH einsetzen. Dort habe ich im Vertriebsinnendienst die Key-Account-Manager unterstützt und Markt- und Zielgruppenanalysen durchgeführt. Für die Studenteninitiative AIESEC habe ich einen Firmenkontakttag mitorganisiert und neue Unternehmen für den Förderkreis gewonnen.

Sehr gute Englischkenntnisse bringe ich ebenso mit wie gute Kenntnisse des MS-Office Software-Paketes. Für ein persönliches Gespräch stehe ich Ihnen gerne zur Verfügung.

Mit freundlichen Grüßen

Erik Miegel

Herr Miegel hat darauf geachtet, seine Erfahrungen im Handel und Verkauf hervorzuheben. Die Tätigkeit als Verkäufer für die Shoppingcenter AG wird mit der Teilnahme an einem Projekt dieses Unternehmens gekoppelt. Das Praktikum bei der Lifestyle GmbH macht den Draht zu Vertriebsaufgaben sichtbar. Auch die Studienschwerpunkte Handelsbetriebslehre und Unternehmensführung passen.

Herr Miegel vermeidet Leerfloskeln. Durch die Erwähnung der im Praktikum und im Nebenjob ausgeübten Tätigkeiten kann er plausibel machen, dass er für Vertrieb und Marketing die richtigen Soft Skills mitbringt. Die Teilnahme am Projekt ist beispielsweise ein Beleg für seine Teamfähigkeit. Die Tätigkeit als Verkäufer dokumentiert seine Kundenorientierung und Belastbarkeit. Für AIESEC hat er sein Organisationstalent (Firmenkontakttag) und seine Kontaktstärke (Unternehmensansprache) in die Waagschale geworfen.

Mit seinem Anschreiben dokumentiert der Kandidat, dass er einschätzen kann, was ihn im Traineeprogramm erwartet. Es fallen die richtigen Stichworte wie »Steigerung der Kundenzufriedenheit«, »Optimierung von logistischen Abläufen«, »Kundenbetreuung«, »Reklamationsbearbeitung«, »Unterstützung von Key-Account-Managern«, »Markt- und Zielgruppenanalysen«.

Fazit: Herr Miegel beweist Realitätssinn. Er behält die Unternehmenswünsche bei der Formulierung seines Anschreibens konsequent im Blick.

Beispielanschreiben 5

Jürgen Grünert · Tel. 0 61 27 – 1 23 12 34
Rungholtstraße 116 · Handy 01 78 – 4 32 13 21
65201 Wiesbaden

Messe-Design GmbH
Herrn Balk
Gustav-Stresemann-Ring 123
65188 Wiesbaden

Wiesbaden, 15. Februar 2010

Bewerbung als Projektleiter im Messe- und Eventbau
Ihr Stellenangebot in der Wiesbadener Morgenpost vom 13. Februar 2010

Sehr geehrter Herr Balk,

während meiner Tätigkeit für die Zeitarbeit AG konnte ich bereits umfassende Erfahrungen im Messebau sammeln. So haben wir spezielle Messestände für Reiseanbieter, Industriekunden und öffentliche Verbände konzipiert und montiert. Die Vorgaben unserer Kunden nach innovativen, kostengünstigen und termingerechten Lösungen konnten wir dabei immer erfüllen.

Grundlage meiner beruflichen Erfahrungen ist meine abgeschlossene Ausbildung zum Tischler, die ich einige Jahre später durch eine Fortbildung zum staatlichen Holztechniker ergänzt habe. Ich habe in unterschiedlichen Branchen gearbeitet, um immer wieder neue Erfahrungen zu sammeln. Beispielsweise als Bauleiter bei der Sanierung von Fincas auf Teneriffa und als Tischler/Holztechniker bei der Möbelhaus AG, wo ich für die Auslieferung und Montage von Einbauküchen verantwortlich war.

→ FORTSETZUNG AUF DER NÄCHSTEN SEITE

Gerne würde ich meine umfassenden Erfahrungen bei Ihnen als Tischler/
Holztechniker im Messebau einbringen. Ich könnte Ihnen kurzfristig zur
Verfügung stehen. Weitere Informationen zu meinem Werdegang gebe ich
ihnen auch gerne in einem persönlichen Gespräch.

Mit freundlichen Grüßen

Jürgen Grünert

Der angeschriebene Personalverantwortliche Herr Balk wird
dieses Anschreiben gewiss positiv bewerten, denn Jürgen Grünert beschreibt seine speziellen Erfahrungen im Messebau,
geht danach auf seine Ausbildung und Fortbildung ein und
hebt zur neuen Stelle passende berufliche Stationen aus seinem bisherigen Werdegang hervor.

Bereits im ersten Absatz fallen wichtige Schlagworte wie
»innovativ«, »kostengünstig« und »termingerecht«. Durch diesen beschreibenden Stil seiner bisherigen Arbeitsweise macht
Herr Grünert nachvollziehbar, dass er grundsätzlich über das
in der Stellenanzeige geforderte unternehmerische Denken
verfügt. Um seine Leitungserfahrungen näher zu erläutern,
verweist Herr Grünert auf seine Arbeit als Bauleiter bei der Sanierung von Fincas auf Teneriffa. Es ging bei dieser Arbeit zwar
inhaltlich um andere Dinge als bei der Projektleitung im
Messe- und Eventbau. Gemeinsam ist beiden (Leitungs-)Tätig-
keiten aber, dass der verantwortliche Leiter eine Arbeitspla-
nung durchführen, die Zusammenarbeit der beteiligten Hand-
werker koordinieren und auf die Einhaltung der Arbeitsqualität
achten muss.

Fazit: Hier werden bereits mit dem Anschreiben gute Einstellungsargumente geliefert. Ein vielversprechender Bewerber!

7. Was gehört in den Lebenslauf?

Der Lebenslauf ist neben dem Anschreiben das zentrale Element in Ihrer Bewerbungsmappe. Er soll Ihre berufliche Entwicklung nachvollziehbar machen und verdeutlichen, welche Erfahrungen und Kenntnisse Sie mitbringen, und dies nicht nur für Ihren aktuellen Arbeitsplatz, sondern auch für vorhergehende. Darüber hinaus sind Personalverantwortliche auch daran interessiert, welche Ausbildung(en) Sie durchlaufen und in welchen Themengebieten Sie sich fortgebildet haben.

Leider schreiben viele Bewerberinnen und Bewerber ihre Lebensläufe an diesen Anforderungen vorbei. Statt deutlich zu machen, in welchen Bereichen sie Experten sind und etwas besonders gut können, formulieren sie ihre Lebensläufe viel zu vage. Personalprofis haben den Eindruck, dass manche Bewerber Angst davor haben, konkret zu werden, und deshalb versuchen, sich alle Türen offen zu halten. Diese Strategie wird aber nicht aufgehen.

Weg vom Standardlebenslauf

In unserer Beratungspraxis bekommen wir – ebenso wie Personalverantwortliche – täglich Lebensläufe zu sehen, und bei nicht wenigen schlagen wir erst einmal die Hände über dem Kopf zusammen. Da werden detailliert Schulbesuche und

Schulwechsel geschildert, der aktuellen Berufstätigkeit werden zwei magere Zeilen gewidmet und zu guter Letzt folgen ellenlange Aufzählungen von Freizeitaktivitäten. Aufklärung tut hier offenbar not.

Zuallererst sollten Sie sich von der Vorstellung verabschieden, dass Sie mit einem Standardlebenslauf, das heißt: ein und demselben Lebenslauf, den Sie unverändert an alle möglichen Firmen verschicken, Erfolg haben werden. Ihr individuelles Profil ist auch beim Lebenslauf gefragt. Schließlich möchten Sie ja auch nicht als »Standardbewerber« auftreten, sondern sich mit Ihren individuellen beruflichen Stärken eine Einladung zum Vorstellungsgespräch erarbeiten.

Vorsicht Falle!
Nicht nur das Anschreiben, sondern auch der Lebenslauf muss passgenau erstellt werden. Personalverantwortliche wollen daraus ersehen, ob der Bewerber genug Wissen und Erfahrung mitbringt, um die ausgeschriebene Stelle ausfüllen zu können.

Ein weiterer häufiger Fehler von Bewerbern ist das Aufbereiten alter Lebensläufe. Nicht wenige Lebensläufe erwecken den Eindruck, dass der Absender immer mal wieder ein paar Zeilen eingefügt hat, um ihn im Laufe der Jahre zu aktualisieren. Stehen im Lebenslauf eines Stellensuchenden mit umfassender Berufserfahrung aber noch die jahrelang zurückliegenden Praktika aus dem Studium, so wirkt dies auf die Leser sehr befremdlich. Zudem ist beim Recycling-Versuch auch die falsche Gewichtung der verschiedenen Blöcke problematisch.

Sie haben bei der Ausformulierung Ihres Lebenslaufes einen Gestaltungsspielraum, den Sie auch nutzen sollten. Haben Sie in den vergangenen Jahren beispielsweise an verschiedenen Arbeitsplätzen gewirkt, sollten Sie bei der Darstellung der dazugehörigen Arbeitsinhalte nicht nach Schema F vorgehen. Das bedeutet: Sie sollten den Schwerpunkt auf die letzten beiden Stellen legen und diese wesentlich ausführlicher beschreiben als weiter zurückliegende.

Bei der Darstellung der beruflichen Stationen ist die bloße Angabe des Arbeitgebers und der Berufsbezeichnung viel zu wenig. Schreiben Sie also nicht »10/2007 bis 04/2010, Fa. Müller, Einzelhandelskaufmann«. Sie wissen bestimmt selbst, wie sehr heutige Arbeitsfelder spezialisiert sind. Deshalb können sich auch hinter ein und derselben Berufsbezeichnung ganz unterschiedliche berufliche Aufgaben verbergen. Gehen Sie daher auch auf die von Ihnen ausgeübten Tätigkeiten ein. Im vorliegenden Beispiel wäre daher diese Version besser: »10/2007 bis 04/2010, Müller Handelsgesellschaft mbH, Abteilung Einkauf, Einkäufer, Tätigkeiten: Lieferantenauswahl, Preisverhandlungen, Bedarfsermittlung, Festlegung von Produktspezifikationen«. An diesem Beispiel können Sie außerdem sehen, dass Personalverantwortliche viel Wert auf korrekte Angaben im Lebenslauf legen. Dazu gehört auch der volle Firmenname mit der richtigen Rechtsform.

Viele Lebensläufe sind schlichtweg zu umfangreich. Es ist zwar schön, wenn Bewerber aktiv waren und viele Erfahrungen gesammelt haben. Aber Personalverantwortliche werden sich keine Mühe damit geben, aus einem Wust an Informationen die Dinge herauszufiltern, die sie interessieren. Wer in seinem Lebenslauf Wichtiges nicht von Unwichtigem unterscheiden kann, setzt sich dem Verdacht aus, dass ihm dies auch im Berufsalltag nicht gelingt. Sie müssen deshalb vorwiegend diejenigen Informationen herausstellen, die für die angeschriebenen Unternehmen interessant sind.

Die Übersichtlichkeit von Lebensläufen leidet häufig auch darunter, dass Bewerber einfach ihren Lebensweg nacherzählen. Dies ist aus Sicht der Personalprofis jedoch ein großer Fehler, denn der Lebenslauf muss schließlich ein berufliches Profil erkennen lassen. Eine Nacherzählung der Stationen seit dem Kindergarten ist dafür nicht geeignet. Informationen müssen strukturiert werden, damit der Leser sie aufnehmen und verwerten kann. Daher ist eine sinnvolle Blockbildung als Strukturierung des Lebenslaufes unerlässlich.

Die Überprüfung von Lebensläufen in der Personalabteilung beinhaltet auch eine Rechenaufgabe: Es wird untersucht, ob der Bewerber etwas verschweigen will. Deshalb sind Lücken im Lebenslauf immer sehr problematisch. Führen Sie deshalb in einer Zeitleiste lückenlos Ihre Verweildauer in den einzelnen Stationen an. Geben Sie den Personalprofis keinen Anlass zum Grübeln, und füllen Sie eventuelle Lücken mit sinnvollen Tätigkeiten auf.

Vorsicht Falle!
Geben Sie Ihre Zeiten im Lebenslauf in Monaten und nicht nur in Jahreszahlen an, sonst fangen Personalprofis zu rechnen und dann zu spekulieren an – in der Regel zu Ihren Ungunsten.

So gelingt Ihr Lebenslauf

Tun Sie den ersten wichtigen Schritt: Füllen Sie Ihre beruflichen Stationen durch Tätigkeitsangaben mit Leben. Achten Sie darauf, dass Sie die ausgeschriebene Stelle im Blick haben, und stellen Sie diejenigen Erfahrungen besonders heraus, die eine Nähe zur angestrebten neuen Stelle aufweisen. Sie haben in Ihrer Vorbereitung schließlich schon eine Bilanz darüber erstellt, was Sie sich in Ihren einzelnen beruflichen Stationen an Kenntnissen und Fähigkeiten erarbeitet haben.

Diese Bestandsaufnahme sollten Sie nun für Ihren Lebenslauf nutzen.

Untergliedern Sie Ihren Lebenslauf in Blöcke, um für Übersichtlichkeit und Prüfungsfreundlichkeit zu sorgen. Nicht alle Lebensläufe müssen nach der gleichen Struktur verfasst sein. Manch einer hat erst eine Ausbildung gemacht und dann die Fachhochschulreife nachgeholt, andere haben ein Studium an einer Universität abgebrochen, um dann das Diplom an der Fachhochschule zu machen. Je nach individuellem Werdegang ist der Lebenslauf anzupassen. Bewährt haben sich aber folgende Blöcke:

→ **Persönliche Daten**
→ **Berufstätigkeit**
→ **Ausbildung/Studium**
→ **Schule**
→ **eventuell Wehrdienst, Zivildienst, soziales Jahr, Au-pair**
→ **Weiterbildung**
→ **Zusatzqualifikationen**

Persönliche Daten: Bei den persönlichen Daten führen Sie Ihren Namen, Ihren Geburtstag und -ort sowie Ihren Familienstand und eventuell Ihre Kinder auf. Ihre vollständige Adresse mit Telefonnummer und E-Mail-Adresse können Sie ebenfalls in diesen Block stellen oder oberhalb dieses Blocks als Kopfzeile einfügen. Wie dies im Einzelnen aussehen kann, zeigen wir Ihnen im anschließenden Beispiel.

Berufstätigkeit: Der Block Berufstätigkeit hat eine zentrale Bedeutung im Lebenslauf. Geben Sie Ihre beruflichen Stationen immer nach dem folgenden Schema an: Firma (mit richtiger Rechtsform), Bereich oder Abteilung, Tätigkeitsbezeichnung (wie im Arbeitszeugnis), ausgewählte Aufgaben. Dies klingt dann beispielsweise so: »Schmidt GmbH & Co. KG, Serviceabteilung, Sachbearbeiter, Tätigkeiten: Kundenberatung, Reklamationsbearbeitung, Fehlerbehebung«. Mit dieser Form der Beschreibung Ihrer beruflichen Stationen sorgen Sie für Aussagekraft. Beschränken Sie sich nicht nur auf Ihre Tätigkeiten im Tagesgeschäft. Wenn Sie besondere Aufgaben übernommen oder in Projekten mitgewirkt haben, sollten Sie diese ebenfalls aufnehmen, zum Beispiel so: »Ständiges Mitglied im Qualitätszirkel«.

Ausbildung/Studium: Wenn Sie bereits über mehrere Jahre Berufserfahrung verfügen, können Sie die Angaben in diesem Block knapp halten. Geben Sie entweder die Ausbildungsfirma, den Ausbildungsgang und den Abschluss an, oder nennen Sie die Hochschule, den Studiengang und den erworbenen Studienabschluss.

Schule: Dieser Block ist nur für Berufseinsteiger relevant. Für Stellensuchende mit mehrjähriger Berufserfahrung ist es besser, die Schule mit dem Block Ausbildung/Studium zusammenzulegen. Sie brauchen dann nur den letzten erworbenen Schulabschluss zu nennen, denn Ihre Grundschulzeit interessiert Personalverantwortliche wirklich nicht mehr.

Wehrdienst, Zivildienst, soziales Jahr, Au-pair: Damit keine Lücken im Lebenslauf auftauchen, sollten Sie Angaben in diesem Block machen, vorausgesetzt, Sie waren entsprechend tätig.

Weiterbildung: Sammeln Sie Punkte mit Ihren Weiterbildungskursen. Die Unternehmen sind immer auf der Suche nach Bewerbern, die fachlich am Ball bleiben. Aber auch Trainings und Seminare im Soft-Skill-Bereich werden gerne gesehen. Geben Sie auch Weiterbildungsmaßnahmen mit einer Zeitangabe an, damit man erkennen kann, dass Ihr Wissen aktuell ist.

Zusatzqualifikationen: Hier werden Ihre Sprach- und EDV-Kenntnisse aufgeführt. Denken Sie daran, dass Sie Ihre Kenntnisse auch bewerten. Gängige Abstufungen sind »Grundkenntnisse, gut, sehr gut« und als höchste Stufe »verhandlungssicher« bei Sprachen oder »ständig in Anwendung« bei Computerprogrammen.

Zusätzlich zu den genannten Blöcken können Sie in einem Block »Sonstiges« noch Ihr ehrenamtliches Engagement und Ihre (berufsbezogenen) Vereinsmitgliedschaften sowie Hobbys aufführen. Sehen Sie sich jedoch vor bei der Darstellung Ihrer Hobbys: Führen Sie nicht zu viele auf, sonst nimmt der Personalverantwortliche leicht an, dass Sie lieber in der Freizeit als am Arbeitsplatz aktiv sind.

Versehen Sie Ihren Lebenslauf am Ende mit Erstellungsort und Tagesdatum, und unterschreiben Sie ihn. So wirkt er bis zuletzt individuell erstellt und passgenau für die ausgeschriebene Stelle aufbereitet.

Das sollten Sie sich merken:
Geben Sie keine Hobbys an, aus denen man schließen könnte, dass sie in irgendeiner Form Ihre Berufstätigkeit negativ beeinflussen. Dazu gehören Risikosportarten (hohe Verletzungsgefahr), Leistungssport (keine Zeit für den Beruf) und Sportarten, die an geografische Vorgaben gebunden sind (Skifahren, Klettern oder Segeln).

Nun stellen wir Ihnen mehrere Lebensläufe vor, die mithilfe unserer Ratschläge und Tipps erstellt wurden. Sie werden feststellen, dass Bewerber bei der Darstellung ihrer Stärken im Lebenslauf einen großen Gestaltungsspielraum haben. Und diesen Gestaltungsspielraum sollten auch Sie nutzen!

Beispiellebenslauf 1

Dirk Otto
Martensdamm 6
21073 Hamburg
Tel. 040 / 343 34 56
E-Mail: dirk.otto@web.de

LEBENSLAUF

Persönliche Daten
geboren am 04.02.1977 in Pinneberg
verheiratet, 2 Kinder (4 und 6 Jahre)

Berufstätigkeit

01/2004 bis heute	Speditionsgesellschaft mbH, Hamburg, Abteilung Export, *Exportsachbearbeiter:* Organisation von weltweiten Transporten, Zollabwicklung, Terminverfolgung, Abwicklung von Sondertransporten, Mitarbeiterschulung im Gefahrgutbereich, Projekt »Logistik- und Warenwirtschaftsoptimierung«
01/2001 bis 12/2003	Transport AG, Lüneburg, Abteilung internationale Transporte, *Sachbearbeiter:* Internationale Vermittlung von Frachtabschlüssen auf dem Land- und Seeweg, Zoll- und Versicherungsabwicklung, Einkauf von Verpackungsmaterialien
07/2000 bis 12/2000	Maschinenpark GmbH & Co. KG, Pinneberg, Bereich Logistik, *Sachbearbeiter:* Kalkulation und Angebotserstellung

→ FORTSETZUNG AUF DER NÄCHSTEN SEITE

Ausbildung

14.07.2000   *Speditionskaufmann*

08/1997 bis 07/2000   Maschinenpark GmbH & Co. KG, Pinneberg, *Ausbildung zum Speditionskaufmann*

Schule und Wehrdienst

07/1996 bis 08/1997   Wehrdienst, Stabsdienstsoldat beim Heer

14.06.1996   Fachhochschulreife an der Berufsaufbau- und Fachoberschule Pinneberg

Weiterbildung

05/2008   Handelskammer Hamburg, Aktuelles Zollrecht für Praktiker

10/2005   TÜV Nord, Weiterbildung zum Gefahrgutbeauftragten

02/2004   CompTrain, Fortgeschrittener Einsatz von Datenbanken

Zusatzqualifikationen

Sprachen   Englisch (verhandlungssicher)

                Spanisch (gut)

EDV   MS-Office (ständig in Anwendung)

                MS-Access, Oracle-Datenbanken (beide sehr gut)

                MS-Project (gut)

Hamburg, 18.07.2010

Dirk Otto

Wie Sie an unserem Positivbeispiel sehen, lässt sich die Untergliederung des Lebenslaufes in Blöcke gut umsetzen. Gleich hinter den persönlichen Daten von Herrn Otto folgt seine »Berufstätigkeit«. So wird der Leser in der Personalabteilung gleich zu Anfang mit den für ihn wichtigen Informationen versorgt.

Was positiv auffällt an diesem Lebenslauf ist der rückwärtschronologische Aufbau. Das heißt, dass in jedem Block die aktuellste Station oben steht und die am weitesten zurückliegende unten. Dies hat den Vorteil, dass die momentane Stelle, die üblicherweise das größte Gewicht bei einer Bewerbung hat, ganz nach oben rückt. Bei immerhin zehn Jahren Berufserfahrung ist es fast zwingend nötig, mit der Darstellung der aktuellen Aufgaben zu beginnen.

Die Firmen sind mit der richtigen Rechtsform und zusätzlich mit der entsprechenden Abteilung, in der Herr Otto beschäftigt war, aufgeführt. Seine momentane Tätigkeit bei der Speditionsgesellschaft mbH beschreibt Herr Otto mit aussagekräftigen Schlagwörtern. Dabei beschränkt er sich nicht nur auf das Tagesgeschäft, sondern erwähnt auch seine Teilnahme an dem Projekt »Logistik- und Warenwirtschaftsoptimierung«. Der Bewerber überlässt es nicht dem Personalverantwortlichen, zu erraten, womit er als Exportsachbearbeiter überhaupt betraut ist. Es wird ein klares berufliches Profil deutlich. In der gleichen Art und Weise beschreibt Herr Otto vorhergehende berufliche Stationen, wobei er die Einstiegsposition bewusst knapper darstellt. Damit empfiehlt er sich dem Personalprofi als Bewerber, der mitdenkt und weiß, welche Informationen Gewicht haben.

Auch die Blöcke »Ausbildung« und »Schule und Wehrdienst« werden von Herrn Otto knapp, aber aussagekräftig dargestellt. Zusätzlich zur Angabe der Ausbildungszeit gibt er auch den erworbenen Abschluss Speditionskaufmann mit Tagesdatum an, damit klar ist, dass er seine Ausbildung auch erfolgreich abgeschlossen hat.

Im Block »Weiterbildung« hat sich der Bewerber auf die aktuellsten Seminare beschränkt. Es ist jedoch zu erkennen, dass er nicht stehen geblieben ist, sondern kontinuierlich sein Wissen auffrischt. Die Weiterbildung zum Gefahrgutbeauftragten ist zudem eine wichtige Ergänzung seines Profils. Im letzten Block listet Herr Otto seine Sprach- und EDV-Kenntnisse auf. Sowohl die Sprachen als auch spezielle Programme werden einzeln genannt und bewertet.

Insgesamt ist dies ein aussagekräftiger und gut aufgebauter Lebenslauf. Die Zeitangaben in Monat und Jahr machen deutlich, dass die Entwicklung lückenlos verlief, und der Bewerber hat unnötige Informationen, wie detaillierte Angaben zur Schulzeit, vermieden. Die Kontaktdaten sind mit Telefon und E-Mail-Adresse vollständig. Bei der Anordnung der Blöcke hat Herr Otto darauf geachtet, die wichtigsten Informationen nach vorne zu rücken. Dies ist auch deshalb besonders wichtig, weil tätigkeitsbezogene Lebensläufe wie dieser immer mehr als eine DIN-A4-Seite in Anspruch nehmen, und es wäre doch schlecht, wenn die interessanten Informationen erst auf der zweiten Seite auftauchen würden.

Mit seiner Unterschrift und der Angabe von Erstellungsort und -datum erfüllt Herr Otto bis zuletzt auch die formalen Anforderungen. Das von ihm in der rechten oberen Ecke auf der ersten Seite des Lebenslaufes eingefügte Bewerbungsfoto rundet das »Datenblatt« hervorragend ab. Man kann sich gut vorstellen, diesen Bewerber im eigenen Unternehmen einzusetzen.

Beispiellebenslauf 2

Sonja Reesch
Blücherstraße 34
30916 Isernhagen
Tel. (05151) 45 34 56
E-Mail: S. Reesch@aol.de

LEBENSLAUF

Persönliche Daten
geb. am 06.06.1982 in Lehrte, ledig

Berufstätigkeit und Praktika

06/2008 bis 09/2008	Maklerbüro Detlef Schoof GmbH, Hannover, Praktikantin in der Vertriebsunterstützung, Tätigkeiten: Koordination von PR-Aktivitäten, Angebotsverfolgung, Kalkulation von Werbemaßnahmen, Terminvereinbarung für den Außendienst
03/2008 bis 4/2008	Autohaus Wulff & Söhne KG, Hildesheim, Praktikantin in der Marketingabteilung, Tätigkeiten: Wettbewerberanalyse, Pflege der Datenbank für das Direktmarketing, Agentursteuerung
10/2005 bis 12/2007	Telepower Vertriebsgesellschaft mbH, Lehrte, Teilzeitkraft im Vertriebsinnendienst, parallel zum Studium, Tätigkeiten: Verkaufsförderung, Kundenbetreuung, Unterstützung des Außendienstes
07/2005 bis 08/2005	City Moden GmbH, Lehrte, Aushilfe im Rechnungswesen, Tätigkeiten: Abrechnungen, Debitoren- und Kreditorenbuchhaltung

→ FORTSETZUNG AUF DER NÄCHSTEN SEITE

| 07/2003 bis 07/2004 | Lifestyle Concept GmbH (Importeur und Anbieter von Wohnungsaccessoires), Burgdorf, Abteilungen Einkauf und Logistik, Industriekauffrau, Tätigkeiten: Bestandsmanagement und Bedarfsermittlung, Konditionenverhandlung |

Studium

24.09.2009	Diplom-Betriebswirtin (FH)
01/2009 bis 06/2009	Diplomarbeit: Entwicklung eines betriebswirtschaftlichen Leitfadens zur Optimierung der Absatzwege
10/2004 bis 09/2009	Studium der Betriebswirtschaftslehre an der Fachhochschule Nordostniedersachsen, Schwerpunkte: Absatzwirtschaft und Marketing

Ausbildung und Schule

13.06.2003	Industriekauffrau
09/2000 bis 06/2003	Lifestyle Concept GmbH, Burgdorf, Ausbildung zur Industriekauffrau
09.06.2000	Fachhochschulreife an der Fachoberschule Lehrte

Weiterbildung

| 11/2008 | IHK Hannover, Ausbildereignungsprüfung |
| 08/2007 bis 03/2008 | Berlitz School, Hannover, Business-Englisch |

Zusatzqualifikationen

| EDV-Kenntnisse | MS-Word, MS-Excel (beide sehr gut), PowerPoint, MS-Access, MS-Projekt (alle gut) |
| Sprachen | Englisch (verhandlungssicher) |

Isernhagen, 10. November 2009

Sonja Reesch

Der Lebenslauf von Frau Reesch, die sich für eine Stelle als Assistentin Marketing/Vertrieb bewirbt, ist klar gegliedert. Alles, was hier genannt wird, hat einen echten Informationswert für den Personalverantwortlichen. Bevor dieser in die intensive Prüfung einsteigt, wird er zunächst wohlwollend registrieren, dass Frau Reesch nicht nur über einen Studienabschluss, sondern auch über vielfältige praktische Erfahrungen verfügt. Bereits auf der ersten Seite des Lebenslaufes lässt sich ein guter Überblick über ihre bisherigen beruflichen Erfahrungen gewinnen.

Personalverantwortliche erleben mit diesem Lebenslauf einen der seltenen Momente der Zufriedenheit bei der Begutachtung von Bewerbungsunterlagen. Nicht nur die Form ist überdurchschnittlich ansprechend, auch die inhaltliche Darstellung ist gelungen. Jede Station im Lebenslauf ist aussagekräftig formuliert. Im Block »Berufstätigkeit und Praktika« sind stichwortartig die wesentlichen Tätigkeiten angegeben. Die Informationen sind ausführlich und vermitteln ein klares Profil der Bewerberin. Beim »Studium« sind die Schwerpunkte »Absatzwirtschaft und Marketing« herausgestellt. Obwohl Frau Reesch sich als Berufseinsteigerin bewirbt, präsentiert sie eine umfangreiche Liste ihrer Berufserfahrung. Man traut ihr bei diesem Lebenslauf ohne weiteres zu, die Aufgaben einer Assistentin Marketing/Vertrieb in den Griff zu bekommen.

Fazit: Personalverantwortliche werden auf den persönlichen Auftritt der Bewerberin im Vorstellungsgespräch gespannt sein.

8. Wie sieht ein gutes Bewerbungsfoto aus?

Das Bewerbungsfoto ist in der Regel der erste persönliche Eindruck, den Personalverantwortliche von Ihnen bekommen. Sie sollten daher beim Anfertigen und bei der Auswahl des Bewerbungsfotos unbedingt sehr sorgfältig vorgehen. Schließlich liefern Sie mit dem Foto einen ersten persönlichen Eindruck von sich und beantworten damit die Frage des Unternehmens: »Wollen wir sie oder ihn hier jeden Tag in der Firma sehen?«

Was müssen Sie beachten? Ein Bewerbungsfoto ist kein Passfoto! Es bildet nicht nur den Kopf, sondern auch Teile der Schultern mit ab. Gefragt ist also ein »Porträt« des Bewerbers. Lassen Sie sich also nicht zum Passfoto überreden. Fragen Sie im Fotostudio ausdrücklich nach einem Porträtfoto. Wählen Sie einen hellen Hintergrund, damit Sie auf dem Foto auch deutlich zu erkennen sind, und lassen Sie sich professionell ausleuchten.

Das sollten Sie sich merken:
Seit dem Jahr 2006 gilt in Deutschland das Allgemeine Gleichbehandlungsgesetz (AGG), aus dem Firmen schließen, dass sie von Bewerbern keine Fotos mehr verlangen dürfen. Weiterhin ist es aber *erlaubt*, Bewerbungsunterlagen freiwillig ein Foto beizulegen. Und dies sollten Sie unserer Meinung nach auch tun.

Da das Bewerbungsfoto einen natürlichen Eindruck des Bewerbers vermitteln soll, empfehlen wir Ihnen ein Farbfoto. Vom Format her sollte es etwas größer als die üblichen Passfotos sein. Wählen Sie eine Kleidung, die auf die Position abgestimmt ist, auf die Sie sich bewerben. Hierbei gilt: Präsentieren Sie sich *nicht* in der Kleidung, in der Sie später arbeiten wollen, sondern in der Kleidung, in der Sie die Firma nach außen hin vertreten würden – beispielsweise im Kundenkontakt oder auf Messen. Im Zweifelsfall sind Sie mit einer konservativen Kleidung auf der sicheren Seite. Männer greifen also zu Jackett, Hemd und Krawatte, Frauen zu Blazer und Bluse, alles in gedeckten Farben.

Ihr Foto muss auf jeden Fall aktuell sein. Aber Vorsicht: Krisen oder eine Kündigung sollten sich nicht im Gesicht abzeichnen. Mancher Bewerber setzt ein so mürrisches, verkniffenes, gestresstes oder leidendes Gesicht auf, dass es schwerfällt, ihn sich als neuen Mitarbeiter vorzustellen. Ein leichtes Lächeln mit offenem Blick in die Kamera macht sich da schon besser.

Vorsicht Falle!
Achten Sie beim Bewerbungsfoto darauf, dass Ihre Kleidung sich farblich gut vom Hintergrund abhebt. Ihre Konturen müssen deutlich zu erkennen sein!

Damit Sie eine gute Vorlage haben, an der Sie sich orientieren können, stellen wir Ihnen jetzt ein misslungenes und ein gelungenes Bewerbungsfoto vor und erklären Ihnen, warum das eine den Anforderungen der Personalverantwortlichen nicht entspricht, während das andere überzeugt.

Fotobeispiele

Warum die Bewerberin dieses völlig misslungene Foto für eine Bewerbung als Versicherungskauffrau ausgewählt hat, wird wohl ihr Geheimnis bleiben. Vielleicht wollte sie ja ihre Restbestände an Automatenfotos unter die Leute bringen? Für ein Bewerbungsfoto ist aber schon die gewählte Kleidung unpassend, da sie deutlich zu informell wirkt. Sicherlich wird die Bewerberin in ihrer neuen Stelle auch Kundenkontakt haben. Es dürfte nicht im Interesse des Unternehmens sein, wenn sie sich dann so nachlässig präsentiert wie auf diesem Foto.

Auch ihr Gesichtsausdruck lässt nichts Gutes erwarten. Man fragt sich unwillkürlich, ob diese eigentlich noch junge Bewerberin schon ausgebrannt ist. Dynamik und Überzeugungsfähigkeit vermittelt sie auf diesem Foto zumindest nicht. Verstärkt wird dieser eher düstere Eindruck noch durch den viel zu dunklen Hintergrund. Dadurch verschwimmen die Konturen der Bewerberin fast mit dem Hintergrund, wodurch sie wenig präsent wirkt. Das ganze Foto vermittelt eine dunkle, depressive Stimmung, die auf keine Fall Sympathie beim Betrachter hervorruft und somit der Bewerberin eher schaden wird.

Dieses Bewerbungsfoto sieht schon ganz anders aus: Hier stellt sich wirklich eine Versicherungskauffrau ihrem neuen Arbeitgeber vor! Schon ein flüchtiger, erster Blick auf das Foto ist überzeugend, weil die Bewerberin sehr sympathisch und offen wirkt. Dies ist insbesondere deshalb wichtig, weil die Bewerberin schließlich an einer Position mit intensivem Kundenkontakt interessiert ist. Wenn man das Foto genau betrachtet, stellt man fest, dass an vielen Punkten professionell vorgegangen wurde. Die Bewerberin hat also nicht die Kosten eines Fotostudios gescheut. Der Hintergrund ist hell genug, und die Ausleuchtung ist gelungen und bringt mit der Aufhellung rechts oben Lebendigkeit ins Bild. Lächelnd und mit offenem Blick wird dem Personalverantwortlichen in diesem Beispiel signalisiert, dass sich die Bewerberin auf die neue Stelle freut.

Mit Jackett und Bluse hat die Bewerberin diesmal eine Kleidung gewählt, mit der Sie überzeugend, aber nicht steif wirkt.

Der Schmuck ist dezent gehalten. Man könnte die Bewerberin gleich so, wie sie sich hier präsentiert, am Arbeitsplatz einsetzen. Aber nicht nur Kunden werden sich von dieser sympathischen Mitarbeiterin einnehmen lassen, auch zukünftige Kollegen werden nichts dagegen haben, wenn diese Kandidatin ins Team geholt wird.

Der positive und lebendige Eindruck hat zudem viel dem gewählten Fotoformat zu verdanken. Das Porträtformat, das auch einen Teil des Oberkörpers mit abbildet, zeigt ein sehr realistisches Bild eines Menschen. Mit einem Passfoto hätte sich kein vollständiger Eindruck dieser Bewerberin vermitteln lassen.

Achten auch Sie darauf, dass Ihre Bewerbungsfotos einen positiven ersten Eindruck von Ihnen vermitteln. Gehen Sie in ein professionelles Fotostudio, und lassen Sie sich mehrere Porträtfotos in Kontaktabzügen zur Auswahl vorlegen. Wählen Sie für das Foto eine dezente Kleidung im Business-Outfit, in der Sie sich aber auch wohlfühlen. Dann wird Ihnen auch das überzeugende Lächeln, das sofort Sympathie hervorruft, leichtfallen.

9. Wie können Sie zusätzlich Punkte sammeln?

In unserer Beratungspraxis werden wir häufig gefragt, ob es nicht möglich sei, zusätzlich zu Anschreiben und Lebenslauf in der Bewerbungsmappe etwas über sich mitzuteilen. Wir raten Ihnen zu der von uns entwickelten Leistungsbilanz. Sie unterscheidet sich von herkömmlichen dritten Seiten dadurch, dass sie vorrangig die Berufspraxis thematisiert und damit das individuelle Profil eines Bewerbers unterstützt.

Eine Bewerbungsmappe soll ein aussagekräftiges Profil des Bewerbers liefern. Die Personalverantwortlichen akzeptieren durchaus unterschiedliche Varianten, betonen dabei aber immer, dass die einzelnen Bausteine der Mappe inhaltlich von Bedeutung sein müssen.

An dieser Stelle tauchen schon die ersten Probleme mit einer zusätzlichen Seite auf: Wer seine Energie auf dieses neue Element konzentriert, vernachlässigt oft das Engagement für ein wirklich gutes Anschreiben und einen passgenauen Lebenslauf. Aus diesem Grund ist Personalverantwortlichen auch die manchmal propagierte »dritte Seite« eher suspekt. Seiten ohne echten Informationsgehalt wirken störend. Es ist keine große Hilfe, wenn Stellensuchende ihrer Bewerbungsmappe eine Seite mit allgemeinen Statements zu ihrer tollen Persönlichkeit beilegen. In den üblicherweise verschickten dritten Seiten wird leider selten individuelle Überzeugungsarbeit geleistet, stattdessen reiht sich Floskel an

Floskel – manchmal sogar garniert mit besserwisserischen Phrasen. So lassen sich Personalverantwortliche nicht überzeugen.

Leistungsbilanz statt dritter Seite

Es gibt aber durchaus eine Möglichkeit, zusätzliche Argumente für eine Einstellung zu liefern. Die von uns entwickelte »Leistungsbilanz« greift den Trend zur immer individuelleren und passgenaueren Bewerbung auf. Sie unterscheidet sich von der dritten Seite dadurch, dass sie das Profil eines Bewerbers unterstützt und vorrangig die Berufspraxis thematisiert. Solch eine Leistungsbilanz empfiehlt sich beispielsweise, wenn ein Bewerber so viele Projekte und Sonderaufgaben bewältigt hat, dass ihre Auflistung den Lebenslauf sprengen würde, oder wenn ein Bewerber in verschiedenen Berufen tätig war und nun die Gemeinsamkeiten der einzelnen Tätigkeiten herausstellen will. Dies ist im Lebenslauf manchmal nur auf Kosten der Übersichtlichkeit möglich. Damit die für eine Einstellung relevanten Argumente dem Leser im Unternehmen sofort ins Auge springen, bietet sich in diesen Fällen an, eine zusätzliche Seite in die Mappe einzufügen.

Ihre Leistungsbilanz überzeugt aber nur dann, wenn Sie konkret werden. Liefern Sie Angaben zu den Inhalten Ihrer bisherigen Berufstätigkeit: Listen Sie spezielle Projekterfahrungen auf, machen Sie Ihr Engagement in Sonderaufgaben deutlich, verweisen Sie auf Qualitätsverbesserungen, oder streichen Sie Umsatz- und Gewinnsteigerungen heraus. Auch mehrmalige Auslandseinsätze lassen sich gut in der Leistungsbilanz zusammenfassen. Wie sich dies im Detail umsetzen lässt, werden wir Ihnen anhand einer Gegenüberstellung von einer misslungenen dritten Seite und einer gelungenen Leistungsbilanz zeigen.

Beispiele aus der Praxis

Klaus Wildhorn, Berghauser Str. 88, 42853 Remscheid

Ich über mich

Zu meiner Bewerbung: Meine Aufenthalte in vielen Ländern dieser Welt prägten nachhaltig meinen Wunsch, in Ihrem international ausgerichteten Unternehmen tätig zu werden. Ich freue mich auf den interkulturellen Austausch und auf Kollegen aus aller Herren Länder.

Meine Motivation: Stets habe ich die Interessen meines Arbeitsbereiches fest, aber auch mit Einfühlungsvermögen vertreten. Die häufige Praktizierung der Teamarbeit schulte meine Überzeugungskraft. Mit dem notwendigen Maß an Offenheit und Kreativität treibe ich mit aller Kraft Weiterentwicklungen voran.

Was Sie noch über mich wissen sollten: Gerne beschäftige ich mich auch in meiner Freizeit mit intelektuellen Herausforderungen. Engagement ist für mich kein Fremdwort. Schon seit frühester Jugend bin ich sehr an der Lösung technischer Aufgaben interessiert.

Mein Motto: Keep discovering!

Remscheid, im Sommer 2010

Klaus Wildhorn

Mit dieser dritten Seite beweist der Bewerber nur, dass er mit den Gegebenheiten des Bewerbungsverfahrens nicht vertraut ist, denn der Erkenntnisgewinn, den man aus dieser Zusatzseite ziehen könnte, ist gleich null. Damit verkehrt sich die gute Absicht des Bewerbers ins Gegenteil, denn er weckt mehr Zweifel an seiner Persönlichkeit, als Antworten zu geben. Die

Überschrift »Ich über mich« lässt Informationen erhoffen, aber stattdessen hat der Leser nur Nichtssagendes vor sich. Es drängt sich der Eindruck auf, dass Herr Wildhorn nicht zu einer echten Auseinandersetzung mit seinen beruflichen Fähigkeiten und seinen persönlichen Stärken in der Lage war. Er versteckt sich lieber hinter Floskeln, als Aussagen zu seinem individuellen Profil zu machen, und hat anscheinend Probleme, auf den Punkt zu kommen.

Aber nicht nur, dass der Bewerber die Seite mit Belanglosigkeiten füllt. Er schafft es sogar, Zweifel an seiner beruflichen Eignung zu wecken. Waren seine »Aufenthalte in vielen Ländern dieser Welt« Arbeitsaufenthalte oder eher Urlaubsreisen? Hat der »interkulturelle Austausch« sich vielleicht nur auf gastronomische Erlebnisse beschränkt? Man kann sich des Eindrucks nicht erwehren, dass Herr Wildhorn zu Schwärmereien neigt. Seine beruflichen Erfahrungen werden auf jeden Fall nicht thematisiert.

Im Block »Meine Motivation« folgen die von Personalverantwortlichen gefürchteten Platituden zum Soft-Skill-Potenzial. Auch hier muss man dem Bewerber vorwerfen, dass er sich nicht wirklich mit sich selbst auseinander-gesetzt hat, sondern einfach nur gängige Floskeln herunterbetet. Der Sprachstil ist dabei so gestelzt, dass sich sogar der Verdacht einstellt, dass Herr Wildhorn diesen Absatz irgendwo abgeschrieben hat.

Auch dass Herr Wildhorn sich gerne »intelektuellen Herausforderungen« stellt, wirkt bei dem Rechtschreibfehler, dem fehlenden zweiten »l«, unfreiwillig komisch. Dass frühkindliches Technikinteresse aber der Beleg für eine gezielte Entwicklung einer gestandenen Arbeitskraft im technischen Bereich sein soll, ist nicht mehr lustig. Hier hätte es praxisnaher Belege bedurft.

Alles in allem spricht diese dritte Seite eher gegen den Bewerber als für ihn. Schade, der Bewerber hat sicherlich einiges zu bieten. Vielleicht schafft er es ja, sein Motto »Keep disco-vering!« zu nutzen, um doch noch die Anforderungen zu ent-decken, die an überzeugende Bewerbungen gestellt werden. Wie es besser geht, zeigt das folgende Beispiel.

Klaus Wildhorn, Berghauser Str. 88, 42853 Remscheid
Tel. 0 21 91/1 23 32 44, mobil 01 72/198 89 76

LEISTUNGSBILANZ

Branchenerfahrung
10 Jahre Branchenerfahrung im Sondermaschinenbau

Tätigkeitsschwerpunkt
Konstruktion und Inbetriebnahme von CNC-Bearbeitungszentren

Weitere Arbeitsschwerpunkte
- Kundenschulung
- Service
- Lieferanteneinbindung
- Messepräsentationen
- Endmontage
- Realisierung kundenspezifischer Umbauten und Erweiterungen

Auslandseinsätze
- Inbetriebnahme von Kunststoffbearbeitungsmaschinen in Italien und Spanien
- Erweiterung eines Bearbeitungszentrums für Kunststoffe in Polen
- Internationale Serviceeinsätze vor Ort
- Kundenbetreuung in englischer Sprache

Remscheid, 12. Juli 2010

Klaus Wildhorn

Diese Leistungsbilanz unterscheidet sich deutlich von der dritten Seite zuvor. Herr Wildhorn hat sich entschieden, seine beruflichen Kenntnisse und Erfahrungen auf einer Extraseite deutlich herauszustellen. Er hat sich dazu einen guten Aufbau überlegt: Seine Leistungsbilanz ist untergliedert in die Abschnitte »Branchenerfahrung«, »Tätigkeitsschwerpunkt«, »Weitere Arbeitsschwerpunkte« und »Auslandseinsätze«. Damit greift er diejenigen Punkte seines beruflichen Profils auf, die für Personalverantwortliche besonders interessant sind und die ihn von seinen Mitbewerbern unterscheiden werden.

Herr Wildhorn kann auf einer Seite Antworten auf die zentralen Fragen eines jeden Unternehmens liefern: Kennt sich der Bewerber in unserer Branche aus? Qualifizieren ihn seine bisherigen Tätigkeiten für die ausgeschriebene Stelle? Bringt der Bewerber die gewünschte räumliche Mobilität mit? Die sehr umfassenden beruflichen Erfahrungen von Herrn Wildhorn rechtfertigen diese zusätzliche Seite zu Anschreiben und Lebenslauf. Alle wesentlichen Informationen werden stichwortartig und klar herausgestellt. Auf Überflüssiges ist bewusst verzichtet worden, um die Seite übersichtlich zu halten.

Es ist zudem zu erkennen, dass sich die beruflichen Erfahrungen rund um die »Konstruktion und Inbetriebnahme von CNC-Bearbeitungszentren« gruppieren. Die weiteren Arbeitsschwerpunkte haben alle etwas mit dieser Kernaufgabe zu tun. Somit gelingt es dem Bewerber, seine vielfältigen beruflichen Erfahrungen zu bündeln. Personalverantwortliche können schnell ersehen, dass sich Herr Wildhorn um eine umfassende Qualifikation für seinen Arbeitsbereich gekümmert hat.

Neben den fachlichen Stärken werden auch die Soft Skills deutlich, ohne dass sie explizit erwähnt werden müssen. »Lieferanteneinbindung« kann ohne Teamfähigkeit nicht funktionieren, »Messepräsentationen« lassen auf rhetorisches Geschick schließen, und bei der »Kundenschulung« muss man pädagogisches Geschick vorweisen.

Im letzten Block »Auslandseinsätze« wird der Bewerber ebenfalls konkret: Er benennt die beruflichen Aufgaben und die Länder, in denen er bereits eingesetzt wurde. Seine Englischkenntnisse koppelt er mit der Aufgabe »Kundenbetreuung«, wodurch er zeigt, dass seine Sprachkenntnisse nicht nur auf dem Papier stehen.

Diese Art der Darstellung seiner Fähigkeiten lässt die Persönlichkeit des Bewerbers viel besser erkennen als der unreflektierte Einsatz von Floskeln, die Herr Wildhorn noch in seiner misslungenen Version der dritten Seite benutzt hatte.

Das sollten Sie sich merken:
Wenn Sie sich entschließen, Ihrer Bewerbung eine Leistungsbilanz hinzuzufügen, dürfen Sie auf keinen Fall in Ihren Anstrengungen bei Anschreiben und Lebenslauf nachlassen. Denn nur wenn Anschreiben und Lebenslauf überzeugt haben, wird sich ein Personalverantwortlicher noch weitere Elemente Ihrer Mappe ansehen.

10. Welche Zeugnisse gehören in die Bewerbung?

Wenn Bewerberinnen und Bewerber über mehrere Jahre Berufserfahrung verfügen, dann hat sich im Laufe dieser Zeit einiges an Zeugnissen, Bestätigungen, Zertifikaten und Nachweisen angesammelt. Macht man sich nun daran, eine aktuelle Bewerbungsmappe zusammenzustellen, ist es gar nicht so einfach zu entscheiden, was im Einzelnen in die Mappe gehört und auf was man besser verzichtet.

Personalverantwortliche erleben dieses Dilemma natürlich auf der »anderen Seite«: Einerseits bekommen sie Bewerbungen mit nur wenigen aussagekräftigen Seiten, andererseits erhalten sie häufig Mappen, die die Dicke eines mittleren Romans erreichen! Der Umfang einer Bewerbungsmappe ist aber nur in den seltensten Fällen ein Hinweis darauf, dass sie auch besonders aussagekräftig ist. Im Gegenteil, bei sehr dicken Mappen vermuten Personalverantwortliche gleich, dass der Absender nur wenig Mühe darauf verwandt hat, die einzelnen Belege auf ihre Aussagekraft hin zu überprüfen. Dann stellt sich Skepsis ein, bevor auch nur ein einziger Satz der Unterlagen gelesen wurde.

Das sollten Sie sich merken:
Jede Mappe sollte passgenau auf die jeweilige Stelle zusammengestellt sein, das heißt: Auch die Zeugnisse und weitere Belege müssen gezielt ausgewählt werden.

Vollständige Unterlagen

In den Stellenanzeigen von Firmen werden in der Regel »vollständige«, »aussagekräftige« oder auch »komplette Bewerbungsunterlagen« eingefordert. In vielen Personalabteilungen ist deshalb die Vollständigkeit der Bewerbungsunterlagen das Erste, das überprüft wird. Mappen, die nicht komplett sind, werden gleich wieder aussortiert und zurückgesandt. Unternehmensvertreter werden weder telefonisch noch schriftlich fehlende Unterlagen von Ihnen nachfordern. Achten Sie deshalb darauf, dass Sie alle Unterlagen mitliefern. In eine vollständige Bewerbungsmappe gehören diese Elemente:

→ **Anschreiben**
→ **Lebenslauf**
→ **Bewerbungsfoto**
→ **Arbeitszeugnisse**
→ **berufsqualifizierender Abschluss**
→ **Schulabgangszeugnis**

Über die Mindestausstattung hinaus können Sie noch weitere Unterlagen beilegen. Hier müssen Sie im Einzelfall entscheiden:

→ **Fortbildungsnachweise**
→ **Weiterbildungsnachweise**

→ **Bescheinigungen über Sprachkurse**
→ **Bescheinigungen über Computerkurse**

Beim Anschreiben, dem Lebenslauf und dem Bewerbungsfoto ist die Sache eindeutig: Sie legen die passgenau auf die Stellenausschreibung zugeschnittenen Unterlagen in die Bewerbungsmappe. Etwas komplizierter wird es bei den anderen Unterlagen – vor allem, wenn diese nicht zu den zwingend notwendigen Nachweisen gehören. Beispielsweise ist das Beilegen des Schulabgangszeugnisses eigentlich Pflicht. Verfügt ein Bewerber aber über mehr als zehn Jahre Berufserfahrung, kann dieses letzte Schulzeugnis auch weggelassen werden, denn die seit Schulabschluss erworbenen Zertifikate, insbesondere die Arbeitszeugnisse, sind dann aussagekräftig genug. Was in Ihrer Bewerbungsmappe für die einzelnen Bausteine zu beachten ist, erfahren Sie nun.

Arbeitszeugnisse: Ihre Sammlung von Arbeitszeugnissen sollte komplett und lückenlos sein. Ein Arbeitszeugnis Ihres aktuellen Arbeitgebers ist dagegen nicht zwingend. Jeder Personalverantwortliche hat Verständnis dafür, dass Sie in ungekündigter Stellung kein Zeugnis verlangen können, ohne Aufsehen zu erregen. Haben Sie bereits ein Zwischenzeugnis erhalten, so sollten Sie dies natürlich verwenden. Fehlt jedoch ein Arbeitszeugnis einer früheren Stelle, wird man in der Personalabteilung skeptisch werden und vermuten, dass Sie mit Absicht ein schlechtes Zeugnis aussortiert haben. Deshalb sollten alle zurückliegenden Arbeitszeugnisse Ihrer Bewerbungsmappe beiliegen.

Berufsqualifizierender Abschluss: Haben Sie eine Ausbildung durchlaufen, den Meistertitel erworben oder ein Studium erfolgreich abgeschlossen, darf ein Nachweis darüber nicht fehlen. Sie haben sich qualifiziert, und das ist eine wichtige Voraussetzung, um für Firmen interessant zu sein. Bei einem Ausbildungsabschluss genügt der Nachweis der Industrie- und Handelskammer, der Handwerkskammer oder der sonst zuständigen Einrichtung. Das Berufsschulzeugnis müssen Sie nicht beilegen. Akademiker sollten darauf achten, dass Sie nicht nur das Studienzeugnis beilegen, sondern auch die Diplom- oder Magisterurkunde beziehungsweise das Staatsexamen. Das Zeugnis ist nur eine Aufstellung der Leistungen, der berufsqualifizierende Abschluss wird dagegen mit der Urkunde dokumentiert.

Schulabgangszeugnis: Beim Schulabgangszeugnis gibt es keine eindeutige Linie in den Personalabteilungen. Manche Personalverantwortliche finden, dass das Schulabgangszeugnis nach fünf Jahren Berufserfahrung nun wirklich keine Aussagekraft mehr hat. Andere dagegen haben sich schon bei Bewerbern mit acht Jahren Berufserfahrung und vorhergehendem fünfjährigen Studium beschwert, dass das Abiturzeugnis fehlt. Wiederum andere finden das Schulabgangszeugnis grundsätzlich nicht aussagekräftig, möchten es aber dennoch sehen. Damit Sie auf der sicheren Seite sind, sollten Sie Ihr Schulabgangszeugnis also lieber beilegen. Hierbei genügt der letzte Schulabschluss, den Sie erworben haben. Haben Sie beispielsweise nach der Mittleren Reife die Fachhochschulreife erworben, genügt das Zeugnis der Fachhochschulreife. Bei sehr langer Berufstätigkeit wiederum dürfen Sie ruhig auf das Zeugnis verzichten – was Sie insbesondere dann freuen dürfte, wenn Ihre Schulnoten eher unterdurchschnittlich waren.

Fortbildungsnachweise: Wir wissen aus unserer Beratungspraxis, dass immer noch viele Bewerberinnen und Bewerber

Fortbildungsnachweise mit Weiterbildungsnachweisen verwechseln. Bei Fortbildungen geht es darum, sich beruflich neu zu positionieren. Mit einer Fortbildung erwerben Sie einen weiteren beruflichen Abschluss, beispielsweise wenn Sie eine Ausbildung zum Energieanlagenelektroniker erfolgreich abgeschlossen und sich danach zum staatlich geprüften Elektrotechniker fortgebildet haben. Bei Fortbildungen müssen Sie sowohl Ihren Ausbildungsabschluss als auch die Fortbildungsurkunde Ihrer Mappe beilegen. Das Gleiche gilt für Umschulungen: Auch hier müssen Sie die ursprünglich erworbene Ausbildungsurkunde und die Urkunde über den in einer Umschulung zusätzlich gemachten Abschluss beifügen.

Weiterbildungsnachweise: Weiterbildungen sind Schulungen, die nicht zu einem weiteren Berufsabschluss führen, beispielsweise Seminare zum Qualitätsmanagement, zur Kostenrechnung oder zum Direktmarketing. Auch der Erwerb der Ausbildereignung oder die Weiterbildung zum Gefahrengutbeauftragten gehören in diese Kategorie. Bei Weiterbildungsnachweisen müssen Sie sehr sorgfältig auswählen, denn nur die Nachweise, die im Zusammenhang mit dem neuen Arbeitsplatz interessant sind, gehören auch in die Bewerbungsmappe. Bestätigungen der örtlichen Volkshochschule über besuchte Yogakurse oder Bildungsreisen in die Toskana haben dagegen in Ihrer Mappe nichts zu suchen.

Bescheinigungen über Sprachkurse: Bei der Darstellung der Sprachkenntnisse herrscht oft Unsicherheit darüber, ob man mit einem Nachweis belegen muss, dass man wirklich Englisch sprechen und verstehen kann. An diesem Punkt in der Bewerbung zeigen sich die Personalprofis einmal großzügig. Generell gilt, dass man Ihnen die Angabe Ihrer Sprachkenntnisse im Lebenslauf glaubt. Waren Sie bereits im Ausland tätig, wird man ohnehin davon ausgehen, dass Sie über gute Sprachkenntnisse verfügen. Deshalb können Sie auf Bescheinigungen über Sprachkurse verzichten, es sei denn, Sie haben anerkannte Zertifikate, wie den TOEFL, erworben.

Bescheinigungen über Computerkurse: Für Computerkurse gilt das Gleiche wie für Sprachkurse. Die Beherrschung gängiger Softwareprogramme wie Word, PowerPoint oder Excel wird man Ihnen zutrauen, wenn Sie dies im Lebenslauf angeben. Auch wenn bestimmte Programmierkenntnisse zu Ihrem Beruf gehören, genügt es, wenn Sie diese im Lebenslauf aufführen. Bescheinigungen sollten Sie nur dann beilegen, wenn es sich um den Erwerb herausragender Kenntnisse handelt, die nicht selbstverständlich vorausgesetzt werden, beispielsweise, wenn Sie sich zum Systemadministrator weiterqualifiziert haben.

Versenden Sie niemals Originaldokumente. Dies ist nicht nur unnötig, sondern auch gefährlich, denn es besteht die Gefahr, dass auf dem Postwege etwas verloren geht. Deshalb sollten Sie Ihre Zeugnisse und Bescheinigungen stets nur in Kopie beilegen. Achten Sie hier auf gut lesbare und saubere Kopien. Auf Beglaubigungen können Sie in der Regel verzichten. Nur wenn es ausdrücklich gewünscht wird, wie zum Teil noch im öffentlichen Dienst, müssen Sie beglaubigte Abschriften versenden.

Richtig einsortiert

Nachdem Sie entschieden haben, welche passgenauen Nachweise Sie mitsenden wollen, ist nun noch zu klären, in welcher Reihenfolge sie in die Mappe einsortiert werden. Hier gilt die Grundregel: Fangen Sie mit den aktuellen Belegen an, und gehen Sie dann rückwärts, und zwar nach dem jeweiligen Ausstellungsdatum des entsprechenden Schriftstückes. Ganz oben liegt demnach das Anschreiben, dann folgt der Lebenslauf mit dem Foto. Dahinter folgen, falls vorhanden, das Zwischenzeugnis, die Weiterbildungsbescheinigungen, die Sie in der aktuellen Stelle erworben haben, das Arbeitszeugnis des vorherigen Arbeitgebers, das des vorvorhergehenden. An vorletzte Stelle gehört der berufsqualifizierende Abschluss und an die letzte Stelle das Schulabgangszeugnis.

Sie werden die Unterlagen also auch dann, wenn Sie, wie von uns empfohlen, Blöcke im Lebenslauf gebildet haben, chronologisch einsortieren. Kommen Sie bitte nicht auf die Idee, einfach alle Weiterbildungen zu einem Block zusammenzufassen und dann den nächsten Block Arbeitszeugnisse zu bilden. Der Vorteil einer zeitlichen Abfolge in den Bestätigungen liegt darin, dass den Lesern Ihrer Mappe als Erstes die aktuellen Nachweise ins Auge fallen – und diese sind nun einmal die aussagekräftigsten.

11. Wie bewerben Sie sich per E-Mail?

In den letzten Jahren werden Bewerbungsunterlagen immer häufiger per E-Mail verschickt als per Post. Wenn Sie sich per E-Mail bewerben möchten, gibt es einige Dinge zu beachten

Unternehmen überlassen es häufig den Bewerberinnen und Bewerbern, ob sie ihre Unterlagen per Post oder per E-Mail zuschicken möchten. Grundsätzlich empfehlen wir Ihnen den Versand von Bewerbungen per Post, weil eine gut aufgemachte Bewerbungsmappe unserer Erfahrung nach überzeugender wirkt. Es kommt aber vor, dass Firmen ausdrücklich eine E-Mail-Bewerbung wünschen oder dass Bewerber sich aus Kostengründen bevorzugt per E-Mail präsentieren.

Diese Formalia sollten Sie beachten

Ihre E-Mail-Bewerbung sollte sich soweit möglich an einen persönlichen Ansprechpartner richten. E-Mail-Adressen wie personalabteilung@firma.de oder info@firma.de sind zu allgemein: Womöglich erreicht Ihre E-Mail niemals den gewünschten Adressaten, weil sie mit Spam-Mails verwechselt wird. Prüfen Sie also, ob in der Stellenanzeige eine personalisierte E-Mail-Adresse wie jochen.mueller@firma.de oder frauke-schmidt@firma.de angegeben ist, oder versuchen Sie, den richtigen Ansprechpartner vor der Bewerbung telefonisch herauszufinden.

Überfordern Sie Personalverantwortliche nicht, indem Sie viele verschiedene Dateianhänge mixen. Idealerweise fassen Sie Anschreiben, Lebenslauf und Foto (falls eingesetzt auch Deckblatt und Leistungsbilanz) in einer PDF-Datei zusammen und Scans von Arbeitszeugnissen, Ausbildungszeugnissen und Weiterbildungszertifikaten in einer zweiten PDF-Datei. Das PDF-Format hat sich als Standard durchgesetzt und lässt sich mit dem Adobe Reader in jeder Firma öffnen. Verärgern Sie Personalverantwortliche nicht mit zu großen Datenmengen, mehr als zwei Megabyte sollte Ihre E-Mail-Bewerbung nicht umfassen.

In die eigentliche E-Mail brauchen Sie nur wenige Zeilen schreiben, beispielsweise »Sehr geehrter Herr Müller, beiliegend übersende ich Ihnen meine Bewerbungsunterlagen als PDF-Anhang. Mit freundlichen Grüßen Elke Schmidt«. In der Betreffzeile der E-Mail sollte die Stelle genannt werden, um die es geht, zum Beispiel »Bewerbung als Kaufmännische Angestellte«. Dann weiß der Adressat gleich, worum es eigentlich geht.

12. Wie geht es weiter?

Legen Sie nach dem Versand Ihrer Bewerbungsmappe die Hände nicht in den Schoß: Bleiben Sie am Ball, und sorgen Sie dafür, dass Sie den Überblick behalten.

Mit dem Versand Ihrer optimal ausgearbeiteten Bewerbungsunterlagen sind Sie jetzt gut ins Auswahlverfahren eingestiegen. Mit unserer Profil-Methode® haben Sie passgenaue, stärkenorientierte und glaubwürdige Anschreiben und Lebensläufe zusammen mit Ihrer aussagekräftigen Bewerbungsmappe an die Personalabteilungen versandt. Es wäre doch schade, wenn Sie nach diesem guten Start einbrechen würden!

Behalten Sie den Überblick

In der Regel werden Sie sich bei mehreren Firmen gleichzeitig bewerben. Deshalb müssen Sie darauf achten, dass Sie die einzelnen Etappen im Bewerbungsverfahren der jeweiligen Firmen auch nachvollziehen können. Denn es ist mehr als peinlich, wenn sich eine Firma bei Ihnen meldet und Sie gar nicht wissen, um welche Stellenausschreibung es sich eigentlich handelt. Auch wenn Sie voller Eifer den Personalverantwortlichen mit Namen ansprechen, dabei aber Firma und den dazugehörigen Personalreferenten durcheinanderbringen, bekommt das durch Ihre guten Unterlagen erarbeitete positive Bild sehr schnell deutliche Risse. Damit Ihnen dies nicht passiert, sollten Sie weiterhin gut vorbereitet sein.

Wir empfehlen Ihnen, ein Bewerbungsregister, beispielsweise als Ordner, anzulegen. Für jede einzelne Firma sollten Sie dort die Stellenanzeige, das passgenaue Anschreiben und den speziellen Lebenslauf einheften. Hinzu kommen noch Notizen nach Telefongesprächen mit Firmenvertretern und die gesammelte Korrespondenz. Auf diese Weise behalten Sie den Überblick und können sich jederzeit auf weitere Bewerbungsschritte einstimmen, beispielsweise vor angekündigten telefonischen Interviews oder persönlichen Vorstellungsgesprächen.

Der Ordner, den Sie angelegt haben, gehört neben das Telefon, denn er ist nur wenig hilfreich, wenn Sie ihn erst im Regal suchen müssen, während ein Firmenvertreter am anderen Ende der Telefonleitung wartet. Aus diesem Grund genügt es auch nicht, die Unterlagen nur im PC zu archivieren. Auch bei den Bewerbungsaktivitäten klappt es nicht so richtig mit dem »papierlosen Büro«. Ein weiterer ganz wichtiger Vorteil der Papierform liegt darin, dass Sie beim gelegentlichen Durchblättern immer wieder auf Ihr ausgearbeitetes Profil stoßen. So werden sich die Formulierungen bezüglich Ihrer beruflichen Erfahrungen und Stärken mit der Zeit immer besser in Ihr Gedächtnis einprägen. Dazu genügt es sogar, wenn Sie Anschreiben und Lebenslauf einfach von Zeit zu Zeit überfliegen. Diese Stärkung Ihres Selbstbewusstseins wird Ihnen für die nächsten Schritte noch nutzen.

Richtig nachgehakt

Wenn Sie telefonischen Kontakt zu Firmenvertretern aufnehmen, sollten Sie immer bedenken, dass das Bewerbungsverfahren noch läuft und dass Sie mit einem an der Entscheidung Beteiligten telefonieren. Bleiben Sie deshalb freundlich, und treten Sie auch beim Nachhaken souverän auf. Manche Firmen werden Verständnis für Ihren Informationsbedarf haben, andere dagegen werden eher kühl reagieren und sich keine weiteren Auskünfte entlocken lassen. Bedenken Sie, dass nicht nur für Sie, sondern auch für die Personalabteilungen Bewerbungsverfahren mit Stress verbunden sind.

Wann man sich bei Ihnen meldet, unterscheidet sich von Firma zu Firma recht deutlich. In manchen Personalabteilungen werden die Bewerbungen erst einmal gesammelt, bevor es an die Auswertung geht. Andere wiederum beginnen sofort mit der Auswertung, um interessante Kandidaten schnellstmöglich kontaktieren zu können. Wir haben es sogar schon erlebt, dass sich ein größeres Unternehmen der Elektronikbranche erst nach sechs Monaten gemeldet hat – und dann auch nur mit einem Zwischenbescheid, dass die Bewerbungsunterlagen inzwischen bei dem richtigen Bearbeiter gelandet seien.

Wenn auf Ihre Bewerbung zu lange keine Reaktion kommt, sollten Sie selbst aktiv werden und sich in Erinnerung bringen. Dies können Sie beispielsweise mit einem Nachfassbrief oder einem Anruf in der Personalabteilung tun. Die eigentliche Entscheidung darüber, welcher Bewerber wann zu einem Vorstellungsgespräch eingeladen wird, werden Sie natürlich nicht beeinflussen können. Aber Sie können deutlich machen, dass Sie nach wie vor an der Stelle interessiert sind. Manche Anrufer haben dadurch auch schon erreicht, dass Ihre Bewerbungsmappen noch einmal zur Hand genommen und besonders gründlich überprüft wurden.

Mit einem kurzen Anruf verschaffen Sie sich außerdem Informationen darüber, wie es im Auswahlverfahren weitergeht. Ganz besonders in der stressigen Bewerbungsphase möchte man doch wissen, woran man ist. Bei Ihren Nachfassaktionen sollten Sie sich jedoch auf Fragen nach dem weiteren Verlauf des Bewerbungsverfahrens beschränken. Denn ganz besonders unangenehm fallen Bewerber auf, die patzig eine Entscheidung einfordern oder Mitleid erwecken wollen. Es würde ein schlechtes Licht auf Ihre Soft Skills Kommunikationsstärke und Einfühlungsvermögen werfen, wenn Sie eine Entscheidung erzwingen wollten. Und Sie wissen ja: Noch ist das Verfahren nicht abgeschlossen und Sie sprechen mit einem Beteiligten.

Vorsicht Falle!
Bei Nachfassaktionen ist Sensibilität gefragt. Auch wenn Sie bei Ihrer Stellensuche unter starkem Druck stehen: Bringen Sie sich in Erinnerung, ohne aufdringlich zu wirken.

Fragen Sie also lieber nach dem Fortgang des Entscheidungsprozesses in der Firma, beispielsweise so: »Bis wann ist eine Entscheidung geplant?« Es bietet sich natürlich auch an, nach den weiteren Auswahlschritten zu fragen. Dann können Sie sich rechtzeitig auf Assessment-Center oder Vorstellungsgespräche vorbereiten. Fragen Sie: »Welche weiteren Auswahlverfahren sind vorgesehen?« oder: »Wie ist der weitere Fortgang in der Firma? Gibt es bereits eine grobe Terminplanung?«

Haben Sie nach circa vier bis sechs Wochen noch nichts von der Firma gehört, sollten Sie sich mit diesen Fragen zum weiteren Fortgang in Erinnerung bringen. Haben Sie bereits ein Angebot einer Firma erhalten, möchten aber noch die Entscheidung eines anderen Unternehmens abwarten, dürfen Sie auch früher anrufen. Signalisieren Sie, dass Sie sich um die Dinge kümmern, die Ihnen am Herzen liegen. Ihre freundliche Beharrlichkeit wird den Personalverantwortlichen zeigen, dass Sie sich aktiv für Ihre berufliche Zukunft einsetzen.

Nutzen Sie Ihre Chancen

Sie haben sicherlich festgestellt, dass es sich lohnt, sich intensiv mit den Spielregeln der schriftlichen Bewerbung auseinanderzusetzen. Viel zu viele Bewerberinnen und Bewerber verschenken ihre Möglichkeiten – die sie bei guter Vorbereitung hätten –, eine Einladung zum Vorstellungsgespräch zu bekommen. Denn leider wird für Personalverantwortliche viel zu selten bereits aus den – per Post oder per E-Mail übersandten –Bewerbungsunterlagen deutlich, was für ein Potenzial der Bewerber mitbringt.

Es wird heutzutage viel mehr verlangt als noch vor einigen Jahren, besonders in Bezug auf die Soft Skills. Damit Sie sich sowohl mit Ihrem Fachwissen als auch mit Ihrer Persönlichkeit ins richtige Licht setzen können, haben wir von Ihnen eine gründliche Auseinandersetzung mit Ihren Stärken und beruflichen Erfahrungen verlangt. Diese Vorarbeit wird sich auszahlen!

Wenn Sie nach unserer Profil-Methode® vorgehen, werden Sie die Ansprüche der Unternehmen an schriftliche Bewerbungsunterlagen erfüllen. Setzen Sie auf Ihre Individualität, und machen Sie deutlich, wie die Firma von Ihnen profitieren kann.

Überlassen Sie auch Ihre Vorbereitung auf Vorstellungsgespräche oder Einstellungstests nicht dem Zufall. Informationen über weitere Ratgeber und Beratungsangebote finden Sie unter www.karriereakademie.de.

Wir wünschen Ihnen viel Bewerbungserfolg!

Christian Püttjer & Uwe Schnierda

Register